国家社会科学基金重点项目（08ATQ003）成果之一

张军亮 著

面向“三农”问答系统的关键技术研究

社会科学文献出版社
SOCIAL SCIENCES ACADEMIC PRESS(CHINA)

序

以数字化、网络化、智能化为特征的信息化浪潮为“三农”信息化发展营造了强大势能。政府和研究机构针对农业生产、农民生活以及农村建设方面的事务提供了大量的信息资源，对促进农村社会经济发展、提高农民的生产能力和生活水平都产生了十分重要的帮助作用。问答系统（Question Answering System，QA）是信息检索系统的一种形式，它能用准确、简洁的自然语言回答用户提出的问题，是目前人工智能和自然语言处理领域中一个具有广泛发展前景的研究方向。针对我国“三农”领域信息资源服务中尚未全面、深入的引入问答系统的相关理论和方法的现状，本书较为系统地阐述了问答系统的技术原理和中文信息处理的相关知识，将 FAQ 系统和 Web 自动问答技术应用到当前的“三农”信息资源服务中，研究满足问答系统的“三农”知识表示方式；研究融合 HowNet 以及“三农”概念簇等计算 FAQ 问句匹配算法；研究综合利用自然语言处理、机器学习等方法实现“三农”问句分类和答案抽取的理论和方法；构建了面向“三农”FAQ 和 Web 自动问答系统模型。

本书是作者在参与国家社科基金重点项目过程中的研究成果，相关的方法研究和技术研究颇具新意。该书将问答系统的理念和技术应用于“三农”信息服务中，特别是“三农”问答系统的构建，“三农”概念簇知识表示、FAQ检索匹配，以及自动问答系统的“三农”问句分类和答案抽取等关键技术，拓展了信息服务的理论方法；对“三农”信息资源充分利用能产生积极的推动作用，从而能进一步促进现代信息技术在农村发展中的应用，有利于缩小我国城乡间的信息鸿沟。

本书的主要贡献是从“三农”信息需求出发，将问答系统融合到“三农”信息资源服务中，为我国“三农”信息资源服务提供一种新的服务模式的理论和实践，对其他领域开展类似研究也具有较好的参考价值和借鉴意义。希望本书的出版，有助于促进问答系统在“三农”信息服务广泛、深入应用，也希望有更多的领域、机构参与到“三农”问答系统的理论和实践研究中来。

朱学芳

南京大学信息管理学院教授，博士生导师

摘　要

随着“三农”信息资源需求的大量提升、信息资源数量的急速增长和农村信息基础设施的不断完善，如何提供有效的“三农”信息资源服务以满足信息需求，已成为一个亟待解决的问题，“三农”信息化建设成为我国信息化工作的重要组成部分。由于高效的问答系统能够从广泛的信息资源中，较准确地自动抽取提问问题的答案，因此，如果能有针对性地将问答系统技术应用到“三农”信息资源服务中，构建面向“三农”的问答系统，就能对解决“三农”信息资源利用问题产生积极的推动作用，能够为农民生活、农村生产、学者研究和管理者决策提供有效的“三农”问题信息服务。

在此背景和基础上，总的说来，本书以构建面向“三农”的问答系统为目标，首先，阐述了问答系统及其系统框架的基本相关概念和研究，以及由此展开的本书研究的内容、方法和意义等；其次，总结了本书研究的基础理论——中文信息处理基础理论；再次，分别研究了“三农”概念簇的知识表示、基于混合策略的“三农”FAQ 系统、面向“三农”问句分类以及面向“三农”的答案抽取等关键技术；最后，构建出面向“三农”问答系统。具体而言，本书的主要研究工作包括以下几个方面。

第一，基于K最近邻（K-Nearest Neighbor，KNN）分类算法的“三农”概念簇的研究。本书主要进行“三农”知识组织的研究，首先，用“三农”概念簇表示“三农”知识，利用基于DOM（Document Objecct Model）树从网络《农业大词典》抽取词条和释义部分的方法，通过正则表达式从释义部分抽取词条的口语名称和设计“三农”词表的结构；其次，从词条释义部分抽取、人工选择和合并特征词，生成特征向量，并利用KL（Karhunen-Loeve）变换对特征向量降维；最后，生成KNN的“三农”概念簇，并通过实验验证出，本书的特征向量的生成、降维和基于KNN的“三农”概念簇方法是有效的。

第二，基于混合策略的面向“三农”常见问题问答（Frequently Asked Questions，FAQ）系统的研究，以FAQ系统的检索匹配方法为主要研究对象。首先，通过问句之间的表层和语义相似度计算问句之间的相似度、利用LSA计算用户提问问句和常见问题集的答案部分间的相似度；其次，采取混合策略法将这两个相似度组合到一起，形成本书的“三农”FAQ系统的检索方法：基于混合策略匹配方法，并通过实验验证了这种方法的有效性。

第三，面向“三农”问句分类体系和分类方法研究。本书参考开放域问句的分类体系和“三农”领域知识，设计了面向“三农”自动问答系统的问句分类体系；把疑问词、“三农”概念簇、HowNet义原作为问句分类特征，将信息熵作为特征值，并设计了基于模板的粗分类和基于支持向量机（Support Vector Machine，SVM）的精细分类算法；并通过实验表明本书选取的特征向量和分类方法能够有效地满足需求。

第四，面向“三农”自动问答答案抽取方法研究。本书针对不同的“三农”问句类别和答案选择源，提出了不同的答案抽取解决方式。对事实性问句，可采用基于“三农”知识库的抽取；对原因性问句，利用原因性线索词的模板指导抽取；对于方式性问句，则采用基于自动文摘的方式性的抽取。实验验证了本书的答案抽取方法的有效性。

第五，面向“三农”问答系统的构建与实现。介绍了面向“三农”问答系统构建的网络环境和服务器端技术，以及实现所应用的相关技术和结果。

第六，本书还对研究的主要工作进行了总结，指出了研究的不足之处，并提出了下一步研究工作的构想。

关键词：“三农”自动问答；“三农”概念簇；“三农”常见问题集；“三农”问句分类；答案抽取

Abstract

With the promotion of the information needs, the rapid growth of the information resources of "Agriculture, Farmers, Rural Area" (AFR), and the constant improvement of the AFR information infrastructure in rural areas, how to enhance information service to meet the information needs has become an urgent problem. The informatization of AFR is the important part of China's informatization. Question Answering (QA) system can more accurately and automatically extract the answer of the question, which was questioned in natural language, from a wide range of information resources. So, to build a QA system serving AFR will be able to promote the application of AFR information and has a positive significance for famers, researchers and policy makers by applying the QA into the AFR information service.

On the basis of the backgroup and the technology, the paperaims at building the QA system serving AFR. Firstly, the paper elaborates the basic concepts and framework of QA system and research topics both at home and abroad, the research contents and methods, significance and the basic structure of this paper. Secondly, the basic theories of Chinese information processing are summarized, and it is also the basis of the study. Thirdly, the AFR concept clusters which represent the knowledge, FAQ system severing AFR based on the mixed strategy, the classification of AFR question, and answer extraction severing AFR are the key technologies of the QA system severing AFR. Finally, building a QA system severing AFR is described. The main research works of this paper are as follows:

First, the research on the AFR concept cluster based K-Nearest Neighbor (KNN). This part focuses on the AFR knowledge organization and presents the AFR concept cluster. First of all, the method that extracts the entry and interpretation section from the online " Agriculture Dictionary" and the other method that extract the spoken name using the regular expressions are elaborated. The AFR table is designed. Then, the feature words of entity are extracted, artificial selected and merged from the interpretation section. The feature vector and dimensionality reduction using KL transforms are executed. Finally, experiment shows the method is valid.

Second, FAQ system severing AFR based on the mixed strategy. This part is mainly about research on FAQ search matching method. The similarity of the surface and semantic similarity between the questions and the similarity between the user's question and the answer section of question answer pairs are calculated. Then take a mixed strategy to group the two similarities and form the retrieval of the FAQ severing AFR. Finally, the effectiveness of the method is verified by experiments.

Third, the AFR question classification system and method. This paper designs the questionclassification of automatic QA system severing AFR, referring to the classification system of open domain and the AFR domain knowledge. We consider Wh-word, the AFR concept cluster and HowNet sememes as classification features, calculate characteristic value by the information entropy and design the algorithm of a template-based coarse classification and classification based SVM. The experiments show that the feature vector and classification method in this article can effectively meet the demand.

Fourth, the answer extraction of QA system severing AFR. According to different question category and answer source, the paper proposed different method. The method AFR knowledge-based is for factual questions. The method using template cues words of reason is for question of reason. For the " how " question, the method based automatic summarization extraction is proposed. These algorithms are also validated by experiment.

Fifth, the construction and realization of QA system severing AFR. The part describes the network environment, the server-side technologies, the related technologies applied in the system and the results of the system.

Sixth, we draw up the contribution of the research, and we indicate the shortcomings of the research and discuss the future work.

Keywords: Question Answering (QA) Serving " Agriculture, Farmers, Rural Area" (AFR); AFR concept cluster; Frequently-Asked Question (FAQ) of AFR; AFR question classification; answer extraction

目　录

图目录

表目录

第1章　绪论

1.1　研究背景

信息是促进社会经济、科学技术以及人类生活向前发展的重要因素，尤其在现代信息社会中，信息更起到了举足轻重的作用，它与物质和能量一起构成了人类社会赖以生存发展的三大要素。我国将农业、农村和农民并称为“三农”，人类社会以从事农业为开端，并应用信息技术指导农业生产、农村建设、改善农民生活。本节主要从“三农”信息化的社会环境、技术环境以及“三农”信息服务需求三个方面说明本书的研究背景。其中，社会环境是指政府对“三农”信息化的政策和信息基础设施的建设支持，技术环境部分介绍了为解决本书研究的主要问题而主要应用的信息技术，以及目前在这些技术的应用上存在的问题；“三农”信息服务需求主要阐述我国农民的信息服务需求和现有的服务方式，以及这种服务方式在满足不断发展的需求上存在的问题。

1.1.1　社会环境

随着以信息技术为基础的第三次科技革命浪潮的到来，各国各行业都加强推进信息化的发展，农业信息化是其中一项重要组成部分。

近年来，党中央、国务院高度重视“三农”信息化建设，从 2004 年到 2017 年连续发布的“中央一号文件”对“三农”信息化发展起到了积极的推动作用和直接的指导作用；工业和信息化部（工信部）、农业部、科技部、商务部和文化部制定了《农村信息化行动计划（2010—2012 年）》，多部委积极联合推进我国“三农”信息化建设。《全国农业现代化规划（2016—2020 年）》对农业各行业、各领域和各地方农业农村信息化的发展进行全面部署和规划。

“十二五”期间，我国农村农业信息化取得了巨大的成绩，金农工程建设任务圆满完成并通过验收，建成国家农业数据中心、国家农业科技数据分中心及 32 个省级农业数据中心，开通运行 33 个行业应用系统。12316“三农”综合信息服务中央平台投入运行，形成部省协同服务网络，服务范围覆盖到全国，年均受理咨询电话逾 2000 万人次。启动实施信息进村入户试点，试点范围覆盖到 26 个省份的 116 个县，建成运营益农信息社 7940 个，公益服务、便民服务、电子商务和培训体验开始进到村、落到户。行政村通宽带比例达到 95%，农村家庭宽带接入能力基本达到 4 兆比特每秒（Mbps），农村网民规模增加到 1.95 亿，农村互联网普及率提升到 32.3%。[①]

“十三五”时期是全面建成小康社会的决胜阶段，是信息通信技术变革实现新突破的发轫阶段，是数字红利充分释放的扩展阶段。信息化代表新的生产力和新的发展方向，已经成为引领创新和驱动转型的先导力量。“十三五”国家信息化规划，对农村农业的信息化发展制定了明确的发展方向，并且将“加快农村及偏远地区网络覆盖和推进农业信息化”做为通过重大任务和重点任务进行部署。[②]

---

① 农业部关于印发《“十三五”全国农业农村信息化发展规划》的通知［EB/OL］. http://www.moa.gov.cn/zwllm/ghjh/201609/t20160901_5260726.htm. 2017.11.24.

② 国务院印发《“十三五”国家信息化规划》［EB/OL］. http://www.miit.gov.cn/n1146290/n1146392/c5444529/content.html. 2017.11.24.

《"十三五"全国农业农村信息化发展规划》明确指出：从信息化发展趋势看，信息社会的到来，为农业农村信息化发展提供了前所未有的良好环境；从农业现代化建设需求看，加快破解发展难题，为农业农村信息化发展提供了前所未有的内生动力。还明确将"管理数据化水平大幅提升"和"服务在线化水平大幅提升"作为发展目标之一；"推进农业农村信息服务便捷普及"作为主要任务之一。[①]

在党中央和国务院的领导下，我国"三农"信息化建设取得了显著的成绩，农村的互联网覆盖面大大提高，涉及"三农"的数字信息资源得到广泛建设。但是，自2007年起，中国互联网信息中心发布的《中国农村互联网发展状况调查报告》指出，"从信息获取和信息应用的角度来看，农村信息匮乏是引致二元结构的一个因素。重视和加强农村互联网的发展，可有效地缩小城乡'数字鸿沟'，促进农村思想观念更新和经济社会跨越式发展，消除城乡之间的信息壁垒、化解二元结构的诸多矛盾，也是响应党中央号召，建设社会主义新农村、构建社会主义和谐社会的重要组成部分"[②]。该报告还指出农村网民更加趋于年轻化，互联网逐步向农村低学历群体渗透；网络音乐、网络新闻、网络游戏、搜索引擎、即时通信等方面的娱乐性网络资源更容易被使用，农村网民更容易关注娱乐性较高的网络游戏。这表明农民较多地利用网络进行娱乐活动，较少利用互联网信息资源指导生产、生活。造成这样的原因是多方面的，其中专门面向"三农"领域的信息资源匮乏、信息技术和网络信息查询的复杂性是最重要的原因之一。

---

① 农业部关于印发《"十三五"全国农业农村信息化发展规划》的通知［EB/OL］. http://www.moa.gov.cn/zwllm/ghjh/201609/t20160901_5260726.htm. 2017.11.24.

② 中国互联网信息中心．农村报告［EB/OL］. http://www.cnnic.net.cn/hlwfzyj/hlwxzbg. 2017.7.1.

1.1.2 技术环境

计算机和互联网的发展为人们方便地储存数据、交流信息和共享知识提供了保障，使人们能够在任何时候、任何地方都能通过网络获取所需信息；同时，如何能够使得用户方便地从浩瀚的数据或信息的海洋中查询到所需知识，一直是学者们关注和研究的问题。信息检索和自然语言处理是解决这些问题的主要研究方向之一，在自然语言处理的基础上，通过有效的信息检索反馈结果，提供有效的信息服务，是本书的主要研究内容。现有的信息检索和自然语言处理理论和技术自然也就成为本书的研究基础。

信息检索包括信息收集、信息组织，以及信息查询三个各部分。信息收集是把和用户相关的信息资源都收集到一起，例如 Web 信息检索就是利用网络爬虫自动搜集网页中的超链，并把其内容下载到本地；信息组织是通过索引的方式对收集到的信息进行整理组织；信息查询是处理用户的查询请求并返回结果的过程，依据检索中采用的技术，信息查询模型可分为布尔模型、向量空间模型、概率模型等。目前，已有大量的学者和公司对信息检索技术进行研究，并取得了一些实际应用的成果，例如，开发开源的实用检索工具（如 Lucene[①]、Lemur[②]等）和 Web 搜索引擎（如 Google[③]、百度[④]等）为用户提供检索服务。

但是，现有的检索系统，无论是受限领域的检索还是互联网搜索引擎，一般都是基于关键字检索，这样的检索有几个方面的不足：首先，检索返回的结果往往是和答案相关的文本或网页的集合，还需要用户从这些集合查找和筛选，这样就需要耗费用户大量的时间和精力；

---

① Lucene［EB/OL］. http：//lucene. apch. org. 2011. 12. 1.

② Lemur Project［EB/OL］. http：//www. lemurproject. org/. 2011. 12. 1.

③ Google［EB/OL］. www. google. com. hk. 2011. 12. 1.

④ 百度［EB/OL］. www. baidu. com. 2011. 12. 1.

其次，用户要从复杂的实际问题中抽取检索词，检索要求通过逻辑组合几个关键词来表达，这本身就很难有效表达清楚用户的实际检索目的，从而就难以检索到满足用户需求的检索结果。另外，尽管目前的检索方法实现起来比较简单，然而其实质是句子的表层关键词的匹配，没有涉及语言的语义层面，因此，检索结果就经常很难满足人们的需求，也对检索者的检索能力和关键词提取能力提出了较高的要求。

1.1.3 “三农”信息服务需求

“三农”信息化的宏观层面的问题是国家的信息基础设施的建设问题，微观层面的问题就是如何为“三农”服务。这就需要在了解“三农”信息需求的特点和目前存在的问题的基础上，才能研究出相关对策。已有学者对“三农”信息需求进行了分析研究，本节主要介绍“三农”信息需求服务的内容，信息服务的特点及其存在问题的原因，以及现有的一些相关解决方案。

“三农”信息服务的主要内容包括农业生产中的问题、农民生活中的问题以及农村建设方面的问题，主要服务对象是广大的农民群众。和其他信息需求的特点的相同点，农民对“三农”信息的需求尤其存在着在信息化建设中信息资源大量产生造成“信息爆炸”和由于大量信息资源无序排列且难以有效获得带来的实际针对性的信息资源相对匮乏之间的矛盾，即通过信息服务提供的信息不能有效满足需求，大量建设了的信息资源又不能通过有效的信息服务传递给需求者。因此，信息爆炸和信息相对匮乏之间的矛盾实际上是信息服务的落后所造成的。

对此，有相当数量的学者进行了研究。例如，于良芝[①]和张佳曼

---

① 于良芝、张瑶：《农村信息需求与服务研究：国内外相关研究综述》，《图书馆建设》2007 年第 4 期，第 79~84 页。

等人[①]分析我国“三农”信息供求矛盾的原因主要包括：信息服务建设经费的投入不足、信息服务方式落后、服务体制和机构不健全、信息服务人才匮乏、农民的信息素质比较低。在这些原因和服务体制的问题之外，信息服务商的信息提供方式不能有效地满足农民的需求，也是导致这个矛盾的重要原因，本书就是基于此而展开了相关研究。

针对“三农”信息服务的问题，我国政府已经开展了大量的工作。2006 年，农业部就在全国范围内开通了“12316”农业系统公众服务统一专用号，可以通过这个号码咨询种植、养殖、政策法规以及劳动力转移等关系农民生活的各个领域的问题，有关专家和部门会为这些问题提供相关解决方法。各个省市也建立了相应的机构，甚至同广播电视结合，开辟“三农”专题节目，相对发达的地区还建立了互联网服务。另外，政府还利用农闲对农民进行信息素质教育。教育部教育管理局根据党中央国务院“大力推进农村信息化”“健全农村综合信息服务体系”的有关文件精神，于 2010 年 6 月 26 日正式启动全国农村信息化人才培养认证教育项目，面向全国高校开展全国农村信息化人才培养认证考试[②]。

以上措施主要是从更新服务方式和提高农民信息素养等方面提高农民利用信息化技术和资源的能力。这些措施都起到了一定的效果，但同时也存在着一些问题，例如，要采取这些措施，就需要聘请大量的相关专家，耗费大量人力，且服务还会受到时间限制。要弥补这些方面的问题，可以采用现代信息技术尤其是网络技术低成本、省人工、24 小时服务等方面的优势，通过网络提高农民对现有的网络信息资源的利用率。要做到这一点，就需要满足农民通过自然语言的提问获取

---

① 张佳曼、李旭辉：《以信息需求为导向的农村信息服务研究》，《情报探索》2011 年第 5 期，第 54~56 页。

② 教育部全国农村信息化人才培养认证项目［EB/OL］. http：//www. nrit. cn/. 2011. 4. 28.

信息的检索方式，这也成为“三农”信息服务研究的新方向。

1.2　问答系统发展现状

本节主要是问答系统发展概况的概述。问答系统的发展历史、概念、分类标准、体系结构和现有的农业问答系统的研究现状等研究为本书奠定了研究基础，以下内容详细阐述这些研究。

1.2.1　问答系统的历史

自从第一台计算机的诞生，研究者就开始研究如何使计算机能够理解人类的自然语言，进而帮助人类方便地获取和处理信息。图灵最早提出采用自然语言的方式测试计算机具有的智能程度[①]。问答系统的研究可以分为基于数据库问答系统、基于自然语言处理的问答系统两个阶段。

最早的问答系统是利用数据库的自然语言接口，即首先系统将人们的自然语言转换成数据库的查询语言，然后从特定领域的专业数据库中查找答案，返回给问题提问者。Green[②] 等人研究的 BASEBALL 系统能够回答人们提问的关于美国棒球联盟的比赛和规则的事实性问题。类似的系统还有 Bill Wood[③] 设计的 LUNAR 系统，该系统提供阿波罗飞船采集的月球土壤、岩石等样品相关的知识。以上的这两个系统仅仅是那个时期典型的问答系统，还有许多局限于某一个较小领域的问

① 王树西：《问答系统：核心技术、发展趋势》，《计算机工程与应用》2005 年第 18 期，第 1~3 页。

② Green B., Wolf A. K., Chomsky C., et al., BASEBALL: An automatic question answerer [C]. In: E. A. Feigenbaum and J. Feldman, Editors, Computers and Thought [M], The MIT Press, 1963: 207-216.

③ Woods W. A.. Progress in natural language understanding: an application to lunar geology [C]. Proceedings of the National Computer Conference, 1973: 441-450.

答系统，一般都采用人工处理的小部分文档集或者知识数据库作为答案采集的信息源。这一类问答系统的问句都是具有特定格式的，且还包含一些表示特殊关系的词语。

到20世纪七八十年代，随着计算语言学理论广泛的发展，文本理解和问题回答的研究也得到了发展。20世纪90年代国际上关于问答系统的研究方兴未艾，如微软研究院、IBM沃森研究中心、麻省理工学院、新加坡国立大学、德国萨尔大学、中国科学院和台湾地区的“中央研究院”等科研机构和IT公司都积极投入其研究中。

Boris Katz 和他的 MIT 计算机科学和人工智能实验的团队在1993年发布了第一款基于 Web 的能够回答用户用自然语言提出的地理、历史、文化、科技、娱乐等方面问题的问答系统 START[①]。该系统首先利用自然语言处理技术对英文文档进行处理，并形成一个知识库；其次当用户通过用自然语言的方式提问时，系统利用与子模式匹配的方法分析问句和抽取知识库中相关的知识片段；最后利用设定的答案模板把知识片段整合成符合人们阅读理解习惯的句子。

1996年美国的 Ask Jeeves 公司发布的 AskJeeves[②] 是目前常用的自然语言引擎系统之一。该系统利用自然语言处理技术对用户提问的问题进行分析，首先在服务器的数据库中进行检索查询，如果能够匹配到相关问题的答案就将答案展示给用户，其次提供其网页地址以便用户进行进一步的查询。但是，目前该系统只支持 HTML 文件格式的搜索；只支持10种拉丁语系的语言检索，不支持东亚地区的语言检索。图1-1是该系统的 Web 搜索页面。

AnswerBus[③] 是一个集英语、德语、法语、西班牙语等语言为一体

① ATART [EB/OL]. http：//start. csail. mit. edu/. 2011. 4. 25.

② ASK [EB/OL]. http：//www. ask. com/. 2011. 4. 25.

③ AnswerBus [EB/OL]. http：//answerbus. coli. uni-saarland. de/index. shtml. 2011. 4. 25.

图 1-1　AskJeeves 页面

资料来源：ASK［EB/OL］. http：//www. ask. com/. 2011. 11. 27.

的开放域问答系统。实现过程：首先，判断提问句子是否为英文或者系统支持的其他语言，如果不是英文，自动翻译工具就将句子翻译成英文；其次，利用五大搜索引擎和目录（Google、Yahoo、WiseNut、Alta Vista、Yahoo News）用于检索可能包含答案的 Web 页面；最后，从 Web 文档中抽取相关答案，并排序返回给用户。

智慧型中文问答系统①是我国台湾“中央研究院”咨询科学部开发的一款中文问答系统。该问答系统主要处理人物、地点、组织、时间、数字等事实性问题的答案，然而其数据源主要是新闻语料库。该系统还曾参加第二届 NTCIR-6 跨语言问答系统比赛，并且获得优异的成绩。图 1-2 是该系统的自然语言问句的输入页面。

2002 年 Google 推出了一种服务 Google Answers，其实现过程是，用户提问一个问题，利用互联网寻求答案，同时知道答案的用户也通过网络编写答案，并反馈给问题的提问者。Google Answers 的实现思想是社区问答系统的雏形。中文的百度知道是一个面向开放域的中文自动问答系统。

为了促进关于问答系统的学术交流活动和统一评估系统性能，

---

① “中研院”ASQA 问答系统［EB/OL］. http：//asqa. iis. sinica. edu. tw/. 2011. 4. 25.

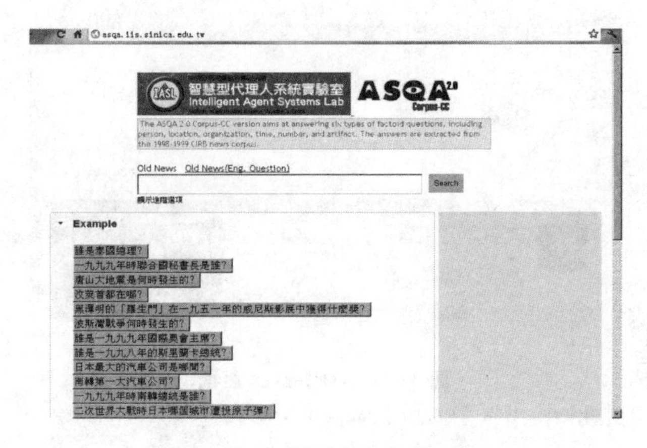

图 1-2 智慧型中文问答系统

资料来源：“中研院” ASQA 问答系统 [EB/OL]. http: //asqa. iis. sinica. edu. tw/. 2011. 11. 27.

1999 年美国国家标准与技术研究院（National Institute of Standards and Technology，NIST）在 TREC①（Text REtreival Conference）中加入 QA Track，每年为参赛者提供统一开放域的评测数据集，并且每年提出不同的实验要求和评价标准。2008 年 TREC 不再进行 QA Track 测试，NIST 又在文本分析会议（Text Analysis Conference ，TAC②）加入了关于 QA 研究的内容，为其提供一个平台。日本的 NTCIR③（NACSIS Test Collections for IR）中也包含问答系统的测评，欧洲的 CLEF④（Cross Language Evaluation Forum）也对欧洲语言的问答系统进行评测，其中包括单语言任务（以单一的语言进行提问和回答）和多语言任务（任何语言提问，英语文本作为答案回答语言）。中文问答系统评测直到 2005 年才开始由日本 NTCIR 会议主办，另外中科院自动化研究所

---

① TRECK [EB/OL]. http: //trec. nist. gov/. 2011. 4. 25.

② TAC [EB/OL]. http: //www. nist. gov/tac/. 2011. 4. 25.

③ NTCIR [EB/OL]. http: //research. nii. ac. jp/ntcir/index-en. html. 2011. 4. 25.

④ Cross-Language Evaluation Forum [EB/OL]. http: //www. clef-campaign. org/. 2011. 4. 25.

依据 TREC QA Track、NTCIR 和 CLEF 建立一个汉语问答系统的评测平台[①]。ACL、SIGIR、COLINC、NAACL、EACL、HLT、IJCNLP 等重要的国际会议都有关于问答系统的相关研究。

1.2.2　问答系统概念及分类

问答（Question Answering，QA）[②] 是一个人和计算机交互的过程，该过程包括对用户信息需求（自然语言提问）的理解；检索相关文档、数据或者来建立的知识库中的知识；把有用的答案从这些数据源中抽取、鉴定和区分出来；以有效的方式解释和展示。Oleksandr Kolomiyets 等人[③]认为问答是一个更完善的信息检索系统，其信息需求通过自然语言的陈述和疑问句表达。

上述定义说明：（1）问答是一个实践研究性的活动，其研究方法是信息检索和自然语言处理，研究内容为相关文档、数据或来建立的知识库，研究任务是抽取答案并返回给用户；（2）问答是不同于关键词检索，新型的智能的信息检索方式，实现需要依靠大量的技术来实现。Mark T. Maybury 也利用图 1-3 清晰地表示出问答系统研究涉及的内容包括自然语言处理、信息检索、人机交互等技术，其中信息检索技术是问答系统的基础，自然语言处理是问答系统的实现手段，人机交互是问答系统实现人和计算机交互的桥梁。

学者从应用领域、使用用户、答案的数据源、响应时间、实现方式和技术等维度研究问答系统，因此，问答系统可以划分为很多种类

---

① 吴友政、赵军、段湘煜等：《问答式检索技术及评测研究综述》，《中文信息学报》2005 年第 3 期，第 1~13 页。

② Mark T. M.. New directions in question answering [M]. AAAI Press; Cambridge, Mass.: Copublished and distributed by The MIT Press, 2004.

③ Oleksandr Kolomiyets, Marie-Francine Moens. A survey on question answering technology from an information retrieval perspective [J]. Information Sciences, 2011, 24: 5412-5434.

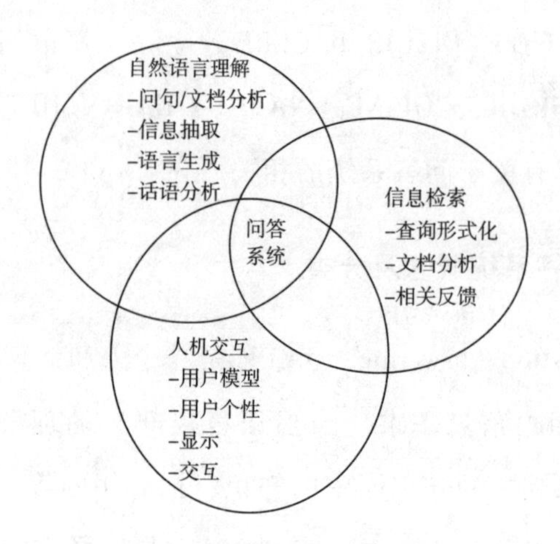

图 1-3 问答系统和其研究的关系

Mark T. M.. New directions in question answering [M]. AAAI Press; Cambridge, Mass.: Copublished and distributed by The MIT Press, 2004.

型。本书依据问答系统的内容和方法，从应用领域、数据源和响应时间对其进行分类（如图 1-4）。

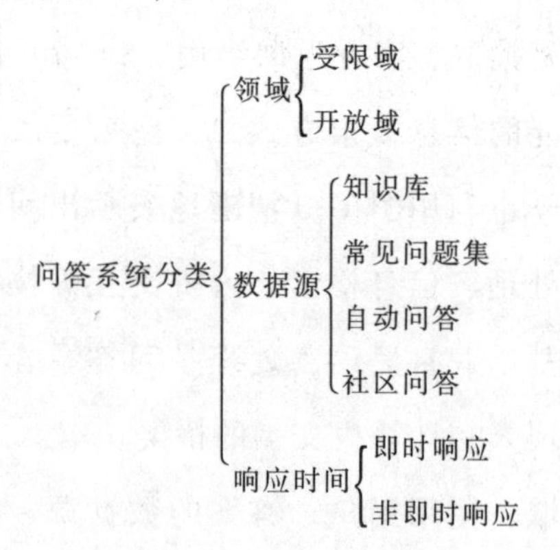

图 1-4 问答系统分类

依据问答系统的领域的不同可以把问答系统划分为开放域问答系统和受限域问答系统。开放域问答系统是指用户的问题的主题不受任何限制，面向人们所面临的所有问题。因此，开放域问答系统面向的用户对象目的不同，领域也比较广泛，从上述问答系统的历史看，这是一个研究的热点和重点，但其实现效果不理想。受限域问答系统是专门针对某个专业领域，如银行、教育、旅游、天气、体育等专业领域，此问答系统受到领域知识的支持，并且面向具有单一目的用户的对象，可以为专业用户提供服务，因此，也有大量的学者积极研究此类问答系统，以便提高对用户的信息服务。

依据问答系统的数据源可以将问答系统划分为基于知识库问答系统、常见问题集问答系统、自动问答系统和社区问答系统。基于知识库问答系统是人们通过查询知识库来获取知识的问答系统，其数据源是人们构建的常识和领域知识库。知识库[①]是管理知识的数据库，是解决问题的知识集合，包括基本事实和联系以及一些推理规则，这些知识通过专家分析现实知识，然后通过采集、整理转换成计算机能够处理的知识。常问问题集[②]（Frequently-Asked Question，FAQ）是从长期的询问以及答复中归纳整理成经常被询问的问题和回复的答案，并将其集合起来而形成问题答案对的形式，其数据源是人们搜集的问题答案对。FAQ 已经被应用到信息服务领域，如图书馆服务[③]、医学卫生领域[④]等。自动问答系统是计算机利用自然语言处理技术从自由文本文档或者互联网上自动获取答案的过程，其数据源是所有的文本文档和互联网信息资源。已经有越来越多的学者参与到自动文档系统的研究中，并且每年都有相关的评测会议。社区问答系统[⑤]就是一个基于互联网的问答系统，其实现思想是人们利用互联网 Web2.0 技术，在别人遇到问题求助的时候，为他人提供帮助，其数据来源是人们对

---

① 孔繁胜：《知识库系统原理》，浙江大学出版社，2000。

② FAQ [EB/OL]. http://zh.wikipedia.org/wiki/FAQ. 2011. 12. 5.

③ 莫艳红：《图书馆开展 FAQ 服务的思考》，《图书馆论坛》2008 年第 3 期，第 127~129 页。

④ Myra S. H.. The Women's Health Questionnaire (WHQ): Frequently Asked Questions (FAQ) [J]. Health and Quality of Life Outcomes, 2003, 1. http://www.hqlo.com/content/1/1/41. 2012. 1. 5.

⑤ Agichtein E., Castillo C., Donato D.. Finding High-Quality Content in Social Media [C]. First ACM International Conference on Web Search and Web Data Mining, 2008: 183-193.

于问题回答的答案。近年来，由于其答案内容的准确性相对比较高，如百度知道①、新浪爱问②、Yahoo! Answers③ 等社区问答系统得到了迅速发展。然而，社区问答系统受到时间的限制，即要等待其他用户对其回答。

依据响应时间可以分为即时响应问答系统和非即时响应问答系统。即时响应问答系统顾名思义就是用户提出问题后，系统即时返回问题的答案，比如常见问题集、自动问答系统和基于知识库的问答系统。非即时响应问答系统是需要等待专家或者用户回答的系统，比如邮件回复的问答系统和社区问答系统。但是这个即时和非即时并不是绝对的，如果社区问答系统的系统中包含相关问题，系统就可以即时地返回给用户答案。

本书的面向“三农”问答系统是专门针对“三农”领域的问题而设计的问答系统，是一个受限域的问答系统，实现过程都以“三农”知识为基础，其中包括一个“三农”常见问题的问答系统和一个“三农”自动问答系统，“三农”自动问答系统的数据源包括知识库和互联网，答案的返回也是即时的。

1.2.3 问答系统体系结构

问答系统的工作模式是“请求—响应”，系统自动分析用户提出的问题并返回答案。目前问答系统的模型有多种模块，但是几乎所有的系统都包含几个核心模块（如图 1-5），图 1-5 表明一般问答系统包括以下几个模块：问题分析模块、文档或段落检索模块、答案处理，以及模块之间数据传输的过程。以下详细介绍这几个模块的主要功能

---

① 百度知道［EB/OL］. http：//zhidao. baidu. com/. 2011. 12. 5.

② 新浪爱问［EB/OL］. http：//iask. sina. com. cn/. 2011. 12. 5.

③ Yahoo! Answers［EB/OL］. http：//answers. yahoo. com/. 2011. 12. 5.

和主要研究内容，说明自动问答系统工作原理。

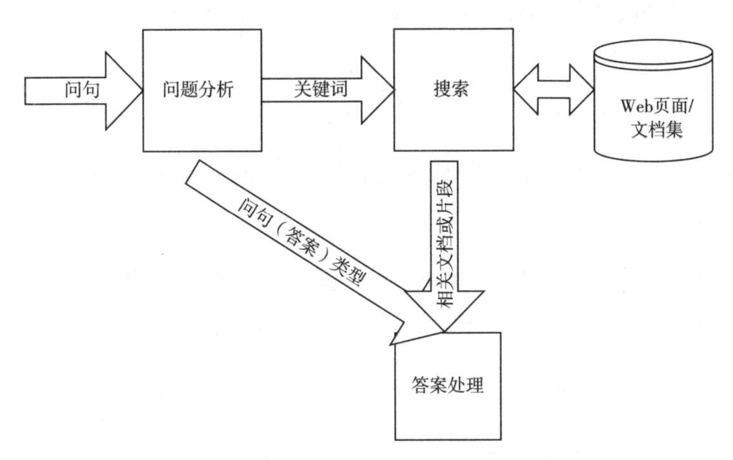

图 1-5 自动问答系统基本框架结构

资料来源：Mark T. M. New directions in question answering [M]. AAAI Press; Cambridge, Mass.: Copublished and distributed by The MIT Press, 2004.

（1）问题分析模块

问题分析是问答系统的第一个模块，是用自然语言处理技术和机器学习等技术，使得计算机自动获取用户提问问句中包含的信息，从而使系统更好地理解用户问句的意思，是实现问答系统的基础。问题分析模块一般具有两个任务和功能。

（a）抽取问句主题的关键词形式化处理

问句分析处理中，首先需要确定问句的主题，问句的关键词最能够表达问句的主题信息，为检索模块提供检索主题。因此，分析抽取问句主题的关键词是其中一个重要的功能。Moldvan 等人[①]利用专有名词、动词和其他名词作为关键词的抽取范围。抽取以上的词语作为关键词、作为信息检索的检索词容易对相同主题的关键词产生漏检，为

① Moldovan D., Harabagiu S., Pasca M., et al. The Structure and Performance of an Open-Domain Question Answering System. Proceedings of the Conference of the Association for Computational Linguistics (ACL), 2000: 563-570.

了提高文档的召回率，相关学者对形式化进行扩展研究。利用语言学知识的方法和利用大规模语料库的方法是目前问答系统中应用比较多的扩展方式。

(b) 分析问句类型

在回答问题的时候，系统首先需要判定问句类型，然后确定问句答案的类型。问句分类模块利用基于模板和基于机器学习等方法，确定问题答案回答的类型，是答案抽取的基础。在本书的“‘三农’问句分类研究”的“问句分类的相关研究”中将对目前两种主要的分类问句分类方法的研究进行详细的回顾和评述，暂不在此详述。

(2) 文档或段落检索模块

检索模块是问答系统的信息获取模块，主要工作包括建立文档集的索引和查询。查询的过程是利用问题分析模块抽取的问题主题关键词从数据库、索引文档或者 Web 中检索，并且返回同问句主题相关的记录或文档。

(3) 答案处理模块

答案处理模块是问答系统中生成答案关键的模块，是结合问题分析获得答案类型，从检索模块获得的大量相关文档，查找问题的答案①。杜永萍②等人在对基于模式匹配策略的中文问答系统进行性能分析实验中，表明答案抽取是问答系统的一个重要的组成部分。问句的答案可以是一个短语、一个句子或者是一段文摘。答案抽取是问答系统中关于问句答案处理的重要部分，但其不是答案处理的最后终点；进一步对于候选答案的处理，就是依据常识性知识库验证候选答案的可信度，从而选择高可信度的候选答案作为答案返回给用户。

---

① Prager J.. Open-Domain Question-Answering [M]. Now Publishers, 2007.

② 杜永萍、黄萱菁：《开放领域的 QA 系统结构及性能分析》，《模式识别与人工智能》2009 年第 4 期，第 527～531 页。

John Prager[①] 认为假设 NER 分类结果是二值的，区分候选答案不是匹配答案的类型有多好，而是文档上下文更好地匹配问句，并且依据抽取方式把答案抽取分为：启发方式、基于模板方式、基于关系方式、基于逻辑方式。关于国内外学者对于答案抽取模块的研究将在本书的“‘三农’问题答案抽取关键技术研究”的“相关研究”部分中详细地回顾和评述，暂不详述。

1.2.4 “三农”问答系统研究

在“三农”问答系统方面，国内外学者结合农业知识进行了研究，包括基于知识库的专家系统和文档集的自动问答系统。在 1978 年，美国的伊利诺大学就研究开发了大豆病虫害专家系统（PLANT/DS），并应用到指导农业生产实践中[②]。王芳等人[③]设计了一个基于农业本体的 FAQ 分类方法，利用此方法构建了一个农业 FAQ 系统。罗长寿等人[④]针对农业领域的特性，从查询特征词的分布权重等方面改进特征向量空间，提高匹配效果。

在实践方面，一些“三农”相关的科研机构、政府部门和信息服务商已经尝试利用问答系统为农民提供相关服务，系统主要采用基于数据库的问答系统和社区问答系统的方式组织用户提问问题和答案。以下介绍两个国内的关于“三农”的问答系统。

（1）太原市农业信息中心的专家智能咨询系统

专家智能咨询系统（如图 1-6）是一个基于农业知识库的问答

---

① Prager J.. Open-Domain Question-Answering [M]. Now Publishers, 2007.

② 顾林：《广西农业专家系统的建立和应用》，《广西科学院学报》2003 年第 4 期，第 219~222 页。

③ 王芳、滕桂法、赵洋等：《基于本体的农业问答系统研究》，《农机化研究》2009 年第 1 期，第 42~45 页。

④ 罗长寿、张峻峰、孙素芬等：《基于改进 VSM 的农业实用技术自动问答系统研究》，《安徽农业科学》2009 年第 28 期，第 13948~13950 页。

系统，包括植物保护专家咨询系统和种子资源咨询系统。该智能系统提供了保护植物方面的知识，主要针对遭受病虫害的植物，首先进行病虫害诊断和判断，然后给出预防的方法，并说明这种植物病经常发生的规律和发生部位。系统可以通过植物病虫害的名字来进行查找相关的治疗方法，还可以通过植物所遭受的症状和发生的部位来进行查询。

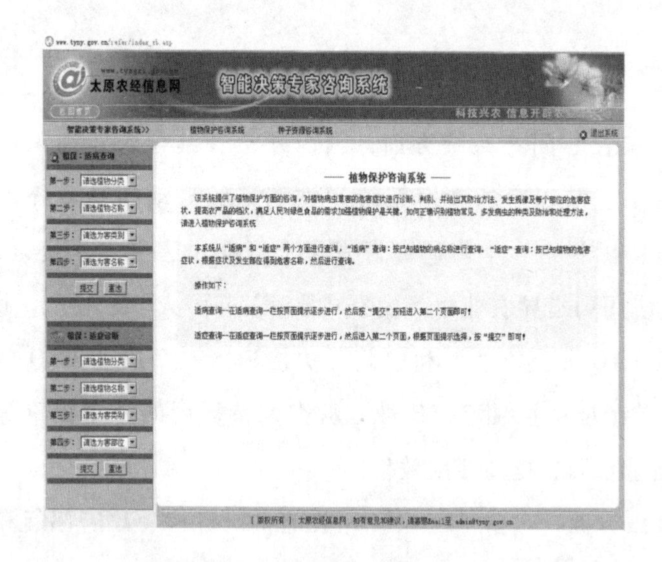

图 1-6　专家智能咨询系统输入页面

资料来源：植物保护咨询系统［EB/OL］. http：//www. tyny. gov. cn/refer/index_ zb. asp. 2011. 11. 29.

（2）陕西农产品加工技术研究院的农业问答系统

农业问答系统（如图 1-7）是陕西农产品加工技术研究院开发的涉及“三农”的社区问答系统，截至 2011 年 11 月底，参与的用户数将近 4 万个，问答数也有 1 万余条。首先，用户注册登录该系统，采用自然语言的方式输入问句进行查询，如果不能找到答案，就把问题发布到系统中，等待相关专家对其进行回答；其次，如果用户在新未解决问题中发现有自己能够回答的问题，就将这个问题进行回答，并提交到系统，以便其他用户查找，从而实现知识共享；最后，用户还可以依据问题的主题浏览相关的问题。

图 1-7　农业问答系统页面

资料来源：农业问答-农业中国［EB/OL］. http：//ask. nongye. cn/. 2011. 12. 5.

1.3　研究内容

本书主要是将 FAQ 系统和 Web 自动问答技术应用到当前的“三农”信息化建设中，可以方便农民和“三农”研究者利用现有的互联网信息资源解决生产、生活中的问题。FAQ 系统的研究内容主要包括：问题-答案对存储管理，以及用户提问问句和问题答案对的匹配。目前的自动问答系统针对事实性问题，对于一些关于原因和方法等描述性问题研究相对比较少。然而解决农民在实际生产、生活中的问题，不仅需要事实性问题，而且还需要包含大量描述性问题，所以现有的答案抽取方式较难满足要求。本书研究如何利用现有知识表示方式和“三农”知识建立满足“三农”问答知识表示；如何利用自然语言处理技术提高 FAQ 系统中问句匹配能力，从而提高准确率；以及如何利用“三农”知识、问句特征和机器学习方法提高问句分类的正确率；研究“三农”描述性问句的答案抽取方法和策略，以便提高问答系统答案的正确率。本书包括四部分：“三农”知识表示研究、“三农”FAQ技术研究、“三农”自动问答系统的问句分类研究、“三农”自动问答系统的答案抽取研究。图 1-8 是本书研究的主要内容的框架和实现路线。

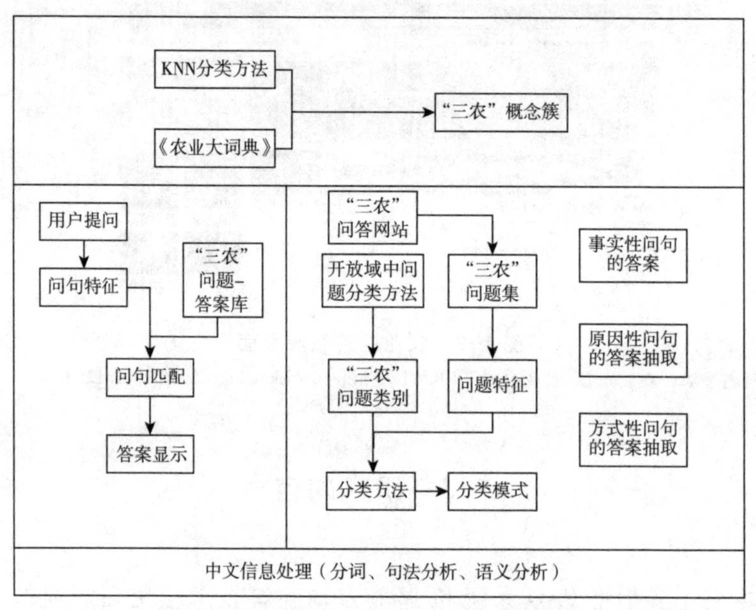

图 1-8　本书研究内容框架和实现路线

1.3.1 “三农”知识表示

“三农”知识包含农业、农村、农民等关乎农民生产、生活的多方面信息和知识。其知识系统包含了大量的概念和关系，要从复杂的农业知识系统中抽象出易于重用的领域知识，并且能够作为问答系统的知识库。通过有效的知识表示，能够为“三农”领域问答系统中的句子匹配、问题分类、答案抽取提供依据。其中知识获取包括人工的按照一定格式输入知识库中和利用计算机自动方式从文档中抽取知识；知识组织是按照一种知识组织机制将知识保存到知识库中；知识表示是采用一种方法对于知识库中的知识进行表示，以便计算机能够更有效地利用相关领域的知识。本书主要利用 KNN 分类的方法，对《农业大词典》中的词条（概念）进行分类，形成“三农”概念簇。

1.3.2　面向“三农”FAQ 技术研究

本书 FAQ 系统主要研究内容包括如何将一些人们生产、生活中的问题组织起来，并且在用户提出查询检索请求时能够比较准确地匹配到问题的相关答案。在现实生活中，每个农业生产者和专家都有大量关于“三农”不同方面的知识，如何使专家方便地组织相关问题-答案是需要研究的问题；同时如何让网络用户比较准确地查询到所需要问题的答案是本书研究的内容。

（1）FAQ 问题-答案库构建研究

FAQ 库的构建主要是确定问题-答案对如何存储，即问句-答案对表示方式，主要是如何把问句转换成向量表示的方式，在其转换当中应该考虑利用“三农”知识作为基础，这样可以为以后的问句处理提供保障。同时，设计相关 FAQ 库收集系统，“三农”专家、学者或政府机构以自然语言的方式提交问题-答案对，系统自动地对其进行处理，最后生成 FAQ 库中的格式，以及存储到面向“三农”FAQ 的系统的问题-答案库中。

（2）用户提问和常见问题集的匹配

如何从常见问题集中检索到用户提问的问句是 FAQ 系统的核心工作，大部分学者基于句子匹配研究用户提问问句和常见问题集中问句的匹配。本书主要研究混合句子词的表层相似度、句法分析的语义相似度和基于 LSA 匹配问句和答案相似度的策略检索答案。句子词的表层相似度是通过两个句子的词语之间的相同覆盖度、句子长度和词序特征来计算；句法的语义相似度的计算，首先通过句法分析获得句子的主要成分，然后分别计算其主要成分中词语的语义相似度；基于

LSA 的问句和答案相似度就是采用 LSA 计算用户问句的主题和常见问题集中的答案之间的相似度。

1.3.3 “三农”问题问句分类技术研究

自动问答系统的体系结构表明问句分类是自动问答系统的主要工作之一，正确的分类体系能够指导问答系统的答案抽取。因此，需要根据“三农”问题的实际情况设计问题分类体系，并生成能够对提问问题进行分类的模型。

（1）确立“三农”问题分类体系

首先从现有的关于“三农”信息资源网站上，获取大量用户提问的“三农”问句，结合现有 TREC-QA 的开放域的问题分类体系、“三农”知识和回答问题答案类型确立“三农”问题分类体系。“三农”问题分类体系需要反映“三农”的实际生产、生活中的问题。描述性问题精细分类是“三农”问题分类体系的研究内容。

（2）分析和抽取“三农”问句的特征，并确定特征向量

抽取“三农”问句的特征是“三农”问句正确分类的必要条件，因此正确地抽取问句的特征，并形成分类所需要的特征向量是本书研究的内容。本书利用现有的中文信息处理工具对问句进行分词、词性标注等处理，获得问句的关键词，然后结合“三农”知识和语言学知识形成特征向量空间，并利用信息熵计算特征的特征值。

（3）利用模板和机器学习生成“三农”问题分类模型

本问题主要研究利用模板对问句粗分类和利用机器学习对描述性的问句进行细分类。首先通过网络收集农业相关的问句，抽取问句的特征，形成特征向量，同时人工给训练集中的每一个问句进行类别标注。然后利用模板格式对问句进行规范化，并统计形成分类模板和评价分类效果。对精细分类，本书利用 SVM 的机器学习方法对已标注的

问句进行训练，形成关于“三农”问题的分类的模型，并利用测试集对该模型进行测试评价。

1.3.4 “三农”问题答案抽取技术研究

自动问答系统的体系结构表明问题答案抽取是问答系统的核心组成部分，主要研究如何从检索的候选文档中抽取出满足问题的答案。目前大量的研究主要集中于基于事实问题的答案抽取的研究，但是“三农”问题不仅包含这些事实性问题，而且还包括大量的实际生产、生活中复杂的原因和方式问题。事实性问句一般可以用词语或者短语作为答案，原因和方式性问题的答案仅靠抽取一个短语或句子不能回答问题，而需要段落、文档的摘要才能较好地满足提问者的需求。答案抽取部分的研究对象主要是“三农”事实性问句、原因性问句和方式性问句答案抽取的方法。

（1）基于“三农”知识库抽取事实性问句的答案

“三农”事实性问句大都是通过已知的概念查询与其相关联的未知的概念，同时，“三农”知识库是领域专家通过对领域知识组织形成的概念之间的关联。如何利用知识库和语义关系来抽取事实性问句的答案是本书事实性问句答案抽取的主要研究内容。

（2）利用原因性线索词模板指导原因性问句的答案抽取

原因性句子或者段落中一般情况下都包含原因性的线索词，利用线索词能够抽取候选答案中的原因成分。本书利用原因性线索词形成模板，并用该模板指导抽取原因性问句的答案。

（3）基于摘要的方式性问句答案抽取

同一类的方式性问句的答案一般包含大量相同的主题词语，因此，候选答案中需要包含该类别答案所包含的主题词语。本书的方式性问句答案的抽取过程：首先，通过类别主题词选择答案的获选段落；其次，基于摘要的方式性问句答案抽取，即结合“三农”语义利用自动文摘方式从候选答案中抽取；最后，利用和问句的主题进行匹配而对答案进行排序。

1.4 研究方法及意义

1.4.1 研究方法

本书主要采用的研究方法如下。

（1）文献分析法

文献既包括纸质文献资源，也包括网络文献资源。前者主要来源于学校和公共图书馆收藏的纸质文献，后者主要依靠 CNKI、VIP、Elsevier、Springer Link 等国内外文献检索系统，百度、Google 等网络搜索引擎检索收集，以及农业信息资源网站。收集分析国内外关于“三农”信息资源建设的现状和自动问答系统的相关文献和研究报告，从而找到目前研究中存在的问题、可能的解决方法以及本书研究总体框架设计。

（2）比较法

利用开放域问答系统的问题分类系统，结合“三农”知识体系结构和“三农”真实问句及其答案形成“三农”问答系统问句的分类体系。由于“三农”涉及的领域较广，通过比较开放域中的分类方法，能够为“三农”问题分类体系提供基本框架。因此，通过比较方法可以减少“三农”问题分类的工作量和提高分类的精度。

（3）内容分析法

从农业问答系统中搜集“三农”问题的真实问句，然后通过分析其内容，把其分到不同的问题类别中，并利用机器学习的方法，训练形成“三农”问题分类的问答体系。

在描述性答案抽取的研究中，利用内容分析的方法，以标注的大量的文档获取不同答案类型的线索词，以便定位答案在文档中的位置。

因此，内容分析法在问答系统问题分类模型的生成和答案抽取模型的生成中具有重要的作用。

（4）实验法

本书对基于KNN“三农”概念簇的方法、基于混合策略的“三农”FAQ的方法、“三农”问句分类方法，以及答案抽取方法进行有效性验证，最后建立面向“三农”问答系统框架，并在实际网络环境下进行测试。

1.4.2　研究意义

本书主要研究利用问答系统为农民以及研究者提供相关的信息资源，以提问的形式从原来的信息关键词转变为自然语言问句，返回的答案不是大篇幅的文档，而是简单的句子或者段落，研究意义如下。

（1）把问答技术应用到“三农”信息服务中，有利于减少我国农村与城市之间的信息鸿沟，为农业生产中遇到的问题，提供快捷、方便、有效的信息服务。

（2）问答系统采用自然语言方式向系统进行提问，并且返回比较精确的段落，方便了用户对信息资源的利用。

从研究的社会环境看，现在网络正在向农村的低学历人群进行扩展，他们的信息素养相对比较低，利用自然语言的方式可以方便用户对系统利用。另外，一般的信息检索系统查询到的是相关文档，需要用户从相关的文档查找答案。而本问答系统返回的答案相对简单明了，从而减少了工作量。

（3）为“三农”研究者提供一个分析当前农民在生产中遇到的主

要问题的平台。

搜集某一个时期所有的提问，并按照提问的内容进行分类研究，从而可以得到农民在农业生产实践中遇到的问题，这样可以使研究者从被动地接受问题转换为主动地接受，进而更好地为“三农”服务。

1.5 本书的组织结构

本书主要研究面向“三农”问答系统的关键技术及实现，共分8章，文章的主要结构和内容如下。

第1章，绪论。主要叙述本书研究的社会环境、技术环境和“三农”信息服务需求；介绍了国内外关于“三农”信息资源建设的理论和实践工作；阐述了问答系统的发展历史、概念、分类，以及体系结构等内容；介绍了本书的研究内容、研究方法及研究意义和本书的组织结构。

第2章，中文信息处理基础。主要介绍中文信息处理目前的研究情况，分词是中文信息处理的基础，文中详细阐述了中文分词的方法、中科院设计分词算法；详细地介绍了关于句法分析的有关理论和方法；还介绍了以揭示概念与概念之间，以及概念所具有的属性之间的关系为基本内容的中文知识库 HowNet。

第3章，基于《农业大词典》的“三农”概念簇表示研究。主要设计了农业词表的数据结构；研究了利用 DOM 树从 Web 文档中抽取信息方法和利用正则表达式抽取信息的方法，并利用两个方法抽取网络《农业大词典》的词条、释义部分和“三农”概念的口语词汇；设计了利用人工方法抽取特征和概念合并的原则生成释义部分的特征项，然后利用 KL 变换对其进行降维处理，最后是基于 KNN 的“三农”概念簇的生成过程，并且通过实验验证其有效性。

第4章，基于混合策略的“三农”FAQ系统研究。首先，主要对FAQ系统的检索匹配进行了研究，利用问句之间的表层相似度和语义相似度来表示问句之间的相似度，另外，还利用LSA计算用户提问问句和问题答案对的答案相似度；其次，研究如何把以上几个相似度混合到一起，形成FAQ的进行检索匹配的算法；最后，用实验验证了本书提出的匹配算法的有效性。

第5章，“三农”问句分类的研究。研究内容主要包括面向“三农”问句分类体系和分类方法研究。“三农”问句分类体系主要参考开放域和“三农”领域知识，设计了面向“三农”问句分类体系；分类的方法主要包括特征的选择和分类的方法，特征主要是疑问词、“三农”概念簇、HowNet义原三部分和利用信息熵作为特征值，并设计了基于模板的粗分类和基于SVM的细分类算法。实验表明本书的选取的特征和分类方法能够有效地满足需求。

第6章，面向“三农”答案抽取方法研究。主要研究了不同类型“三农”问句答案抽取的方法。对事实性问句，采用基于“三农”知识库的抽取方式；对原因性问句，采用原因性线索词模板指导的抽取方式；对于方式性问句，采用基于自动文摘的方式性的抽取方式。实验效果表明，以上三种方法对于各自类型的答案抽取是有效的。

第7章，面向“三农”问答系统的构建与实现的相关研究。主要阐述了面向“三农”问答系统设计应用的相关技术和实现的效果。

文章最后对研究的主要结论和贡献进行了总结，指出了研究的不足之处，并提出了下一步研究工作的构想。

第2章　中文信息处理基础

2.1　引言

自然语言处理的目的是运用计算机对自然语言进行分析处理，从而使得计算机在一定程度上具有人的语言处理能力来帮助人们处理一些语言信息。朱巧明[①]在《中文信息处理技术教程》中将自然语言理解的过程分为：语音分析、词法分析、句法分析、语义分析、语用分析和语境分析。一般情况下，自然语言理解主要集中于词法分析、句法分析和语义分析这三个层次。

中文信息处理是自然语言处理的一个重要组成部分，与西文相比，中文信息处理存在以下的难点[②]。

第一，汉字的输入问题。汉字不同于由字符组成的西文文字，而是由象形文字演化过来的方块文字。计算机不能直接进行处理，需要对其进行编码，从而转换成计算机能够识别的形式。

第二，汉语中的词语的识别问题。汉语以字为最小单位，中文的句子一般都是由连续的汉字组成，这不同于以空格作为明显标识的西

① 朱巧明等：《中文信息处理技术教程》，清华大学出版社，2005。

② 许嘉璐：《现状和设想——试论中文信息处理与现代汉语研究》，《中文信息学报》2001年第2期，第1~8页。

文句子。

第三，词语的语义问题。在词汇层面，一词多义、同音词、同义词、近义词等情况的出现；在语法层面，同一结构在不同的环境下表达不同的意思，同一意思用不同的结构表达。

然而，中文信息处理的复杂性并不意味着计算机就无法处理它。我国的语言文字专家和计算机学界紧密合作，从 20 世纪 50 年代起，就从事计算机中文信息处理的理论与技术的研究，特别自 20 世纪 70 年代中期开始，我国在计算机信息处理方面投入了大量的研究开发工作。从汉字的属性分析研究、汉字键盘输入技术、汉字字模技术、汉字输出技术、汉字编码技术、汉字存储、检索和软件汉化到中文篇章识别、汉语语音识别、手写汉字识别、篇章理解与处理、机器翻译、电子照排、中文平台等多方面，取得了一系列重大成果，为中文信息处理技术的发展奠定了坚实的基础。

本节主要介绍中文信息处理中的分词、句法分析和中文词语的知识库 HowNet。本章的第 2 节详细阐述了中文分词的概念、相关实现方法和中科院设计的分词系统；第 3 节主要介绍关于句法分析器设计的相关理论和方法；第 4 节介绍 HowNet 的相关知识；最后一节是本章小结。

2.2　分词

2.2.1　分词概述

中文句子是以汉字字符为单位，不管是人为书写还是计算机存储的中文句子，表示语义单位的词语之间没有明显的分隔符，然而，词语是对句子、篇章进行深层次理解和处理的基础。因此中文自动分词技术是中文信息处理的基础。中文分词就是利用语言学和数学等方面的知识把以字符为单位的句子切分为以词语为单位的序列过程，也就是在句子中的词语之间插入空格或者其他形式的分隔符。

影响分词效果的因素主要包括分词的歧义性和分词词典的完备性。引起分词歧义性的原因主要是中文词语的二义性、分词系统引起的歧义和分词词典的不完备性产生的歧义。为了构建完备的分词词典，我国在 1990 年颁布了《信息处理用现代汉语分词规范》和 1993 年发布了中文知识信息处理词典来指导分词词典的构成。本书是面向“三农”领域的问答系统，因此，在分词过程中加入了《农业大词典》中的“三农”领域词语。

经过国内外学者的努力，中文分词技术实现取得了一定的成果，并且在 2003 年组织了首届中文分词的评测活动[①]。这些方法可以分为基于词典的分词方法、基于规则的分词方法和基于统计的分词方法三大类。

2.2.2 分词方法

（1）基于词典的分词

基于词典的分词是把句子作为一个字符串序列，依据规定的策略和建立的词典切分字符串。刘源等人[②]曾简要介绍了包括正向最大匹配方法、逆向最大匹配方法等多种基于词典的分词方法的思想和基本实现方法。

大量学者对基于词典的方法进行了改进，以减少歧义对分词的影响。王晓龙等人[③]把句子作为字符的有向图，并基于有向图的最短路

---

① 黄昌宁、赵海：《中文分词十年回顾》，《中文信息学报》2007 年第 3 期，第 8~19 页。

② 刘源、谭强、沈旭昆：《信息处理用现代汉语分词规范及自动分词方法》，清华大学出版社、广西科学技术出版社，1994。

③ 王晓龙、王开铸、李忠荣等：《最少分词问题及其解法》，《科学通报》1989 年第 13 期，第 1030~1032 页。

径求解的思想来解决句子的最少分词问题。陈桂林等人[①]结合哈希查找词典的首字符，并利用二分搜索的方法来查询多字词，从而改进了最大正向匹配的方法。

（2）基于规则的分词

基于规则的分词是把一些构词规则、句法规则等作为约束条件加入分词的过程中，从而减少分词的歧义。姚天顺等人[②]构造引起歧义的词语规则库，然后把其应用到分词过程中。

（3）基于统计的分词

基于统计的分词是利用机器学习的方法统计语料库中词语的分布，建立模型，然后利用该模型来指导分词。学者结合期望最大值的概率方法[③]、神经网络方法[④⑤]、隐马尔科夫[⑥]和条件随机场模型[⑦]等方法训练分词模型。

2.2.3　中科院分词

中国科学院计算技术研究所在多年研究工作积累的基础上，开发了包含分词、词性标注和实体名词识别等功能的汉语词法分析系统（Institute of Computing Technology，Chinese Lexical Analysis System，ICTCLAS）。

---

① 陈桂林、王永成、韩克松等：《一种改进的快速分词算法》，《计算研究与发展》2000 年第 4 期，第 418~424 页。

② 姚天顺、张桂平、吴映明：《基于规则的汉语自动分词系统》，《中文信息学报》1990 年第 1 期，第 37~43 页。

③ 李家福、张亚非：《基于 EM 算法的汉语自动分词方法》，《情报学报》2002 年第 3 期，第 269~272 页。

④ 尹锋：《基于神经网络的汉语自动分词系统的设计与分析》，《情报学报》1998 年第 1 期，第 41~50 页。

⑤ 何嘉、陈琳：《基于神经网络汉语分词模型的优化》，《成都信息工程学院学报》2006 年第 6 期，第 812~815 页。

⑥ 俞鸿魁、张华平、刘群等：《基于层叠隐马尔可夫模型的中文命名实体识别》，《通信学报》2006 年第 2 期，第 87~94 页。

⑦ 韩雪冬：《基于 CRFs 的中文分词算法研究与实现》，北京邮电大学，2010。

该分词系统综合了多种分词方法，实现思想是先通过 CHMM（层叠形马尔可夫模型）进行分词。多层分析模型既能够增加分词结果的准确性，又可以提高分词实现的效率，实现过程（如图 2-1）：第一步需要对句子进行最简单的切分（第 5 层 HMM），并利用最短路径匹配方法优化分词的有向图；第二步利用简单未登录词（第 4 层 HMM）和嵌套为登录词（第 3 层 HMM）对二元切分词图进行优化；第三步就是词性标注（第 2 层 HMM）；第四步是结果的输出（第 1 层 HMM）。

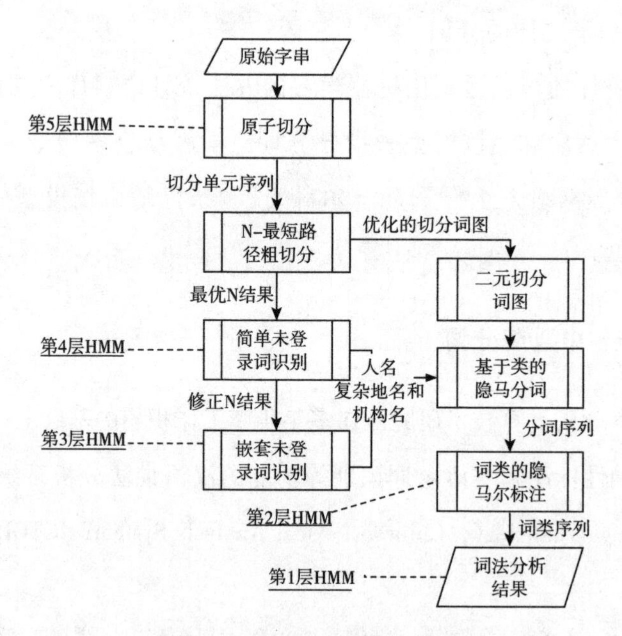

图 2-1　中科院汉语分词框架

资料来源：刘群、张华平、俞鸿魁等：《基于多层隐马模型的汉语词法分析研究》［EB/OL］. http：//ictclas. org/docs/基于多层隐马模型的汉语词法分析研究 . pdf. 2012. 1. 5。

2.3　句法分析

2.3.1　句法分析概述

句法分析是自然语言处理中的关键技术之一，是指对输入的单词序列（一般为句子）判断其构成是否合乎给定的语法，分析出合乎语法的句子的句法结构。句法结构一般用树状数据结构表示，通常称为句法分析树，简称分析树。完成这种分析过程的程序模块成为句法分析器，通常简称为分析器。一般而言，句法分析可以实现以下两方面的目标[①]：判断输入的字符串能不能由某种给定的语法描述，即输入的句子是否合乎某种给定的语法；分析输入句子的内部结构（如成分构成、上下文关系等）和各个组成部分，同时生成语法树。

如果一个句子有多种结构表示，句法分析器应该分析出该句子最有可能的结构。有时人们也将句法分析称为语言或句子识别。由于在实际应用过程中，通常系统都已经知道或者默认了被分析的句子属于哪一种语言，因此，句法分析着重考虑第二个目标。

2.3.2　句法分析理论及方法

简单来说，句法分析方法可以分为基于规则的分析方法和基于统计的分析方法两大类。

基于规则的句法分析方法的基本思路是，由人工组织语法规则，建立语法知识库，通过条件约束和检查来实现句法结构歧义的消除。其实现过程如图 2-2 所示，整个过程是个循环的过程。

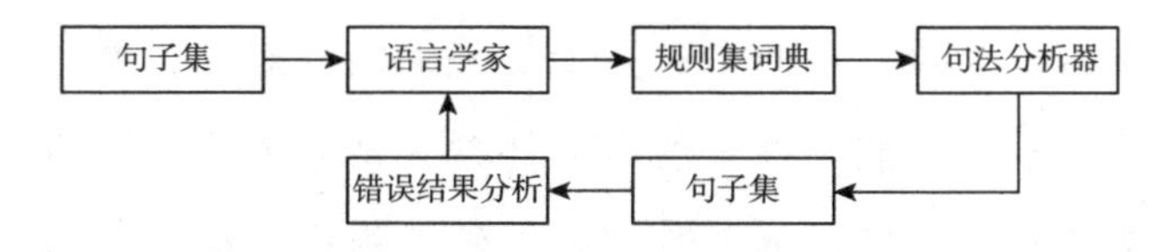

图 2-2　基于规则的句法分析方法

资料来源：曹海龙：《基于词汇化统计模型的汉语句法分析研究》，博士学位论文，哈尔滨工业大学，2006。

在过去的几十年里，研究学者先后结合不同方法，诸如 CYK 算

① 朱巧明等：《中文信息处理技术教程》，清华大学出版社，2005。

法、Earley 算法、Chart 算法、移进-规约算法、GLR 分析算法和左角分析算法等进行句法分析。基于规则分析方法也存在一些缺陷：第一，对于一个中等长度的输入句子来说，利用大覆盖度的语法规则分析出所有可能的句子结构是非常困难的，分析过程的复杂性往往使程序无法实现；第二，即使能够分析出句子所有可能的结构，也难以在巨大的句法分析结构集合中实现有效的消歧，并选择出最有可能的分析结果；第三，手工编写的规则一般带有一定的主观性，对于实际应用系统来说，往往难以覆盖大领域的所有复杂语言；第四，手工编写规则本身是一件大工作量的复杂劳动，而且编写的规则对特定的领域有密切的相关性，不利于句法分析系统向其他领域移植。

鉴于规则分析方法具有一些难以克服的缺陷，20 世纪 80 年代中期研究者们开始探索统计句法分析方法。目前的统计分析方法可以大致分为两种类型：一种是语法驱动方法；另一种是数据驱动方法。

在语法驱动的方法中，生成语法用于定义被分析的语言及其分析出的类别，在训练数据中观察到各种语言现象的分布以统计数据的方式与语法规则一起编码。在句法分析过程中，当遇到歧义情况时，统计数据用于对多种分析结果的排序或选择。在语法驱动的分析方法中，生成语法的构造途径只有两个：一个是手工编写规则；另一个是从训练数据中推导规则。前一种方法需要耗费大量人力，规则质量与编写者的水平密切相关；后一种方法需要以较大规模的标注语料为基础或者语法受到严格的约束，否则，语法学习过程的计算量太大，难以实现。为此人们提出了数据驱动的句法分析方法。

数据驱动①的分析方法不需要生成语法，分析结果是按照树库中

---

① Brew C. Stochastic HPSG [C]. The 7th conferenceof European chapter of association for computional linguistics, 1995: 83-89.

标识的模式得到的。在这种方法中，丰富的上下文模型常常用于弥补由于缺乏语言上的约束而带来的不足。

中文句法分析还处于探索阶段，国内外学者依据句法分析算法对中文句子进行处理。周强等人[①]介绍了一种基于组块的浅层句法知识描述体系，分析中文句子。刘水等人[②]通过统计空间中平均事件数来改进插值平滑算法，来实现头驱动句法分析算法。

Stanford Parser[③] 是斯坦福大学自然语言处理组开发的一套既可以处理英文，也可以处理中文的分析器。中文句子分析成语法树的结果在本书的第 3 章有实例。

综上所述，句法分析是一件非常复杂的任务，一个好的句法分析器不仅应该能够充分利用多种信息，包括上下文结构信息、词法信息以及语义信息等，实现结构歧义的消解，以达到较高的正确率，而且还必须具有较好的鲁棒性，以适应各种复杂句子的输入。

2.4　知网（HowNet）

知网（英文名称 HowNet）是一个以汉语和英语的词语所代表的概念为描述对象，以揭示概念与概念之间以及概念所具有的属性之间的关系为基本内容的常识知识库。

HowNet 设计者董振东等人指出设计 HowNet 的哲学理念：知识是关系的系统，是概念与概念之间的关系、概念的属性与属性之间的关系的系统；万物都在特定的时空中变化，从一种状态转变为另一种状

① 周强、孙茂松、黄昌宁：《汉语句子的组块分析体系》，《计算机学报》1999 年第 11 期，第 1158~1165 页。

② 刘水、李生、赵铁军等：《头驱动句法分析中的直接插值平滑算法》，《软件学报》2009 年第 11 期，第 2915~2924 页。

③ The Stanford NLP（Natural Language Processing）Group [EB/OL]. http://nlp.stanford.edu/. 2011. 12. 1.

态，这样的转变体现于它的属性的变化；本质属性或非本质属性的差别决定概念之间的差别。

中文中的字（包括单纯词）是有限的，并且它可以被用来表达各种各样的单纯的或复杂的概念，以及表达概念与概念之间、概念的属性与属性之间的关系。HowNet 是通过义原来表示词语的内容和意义，义原是最基本的、不易于再分割的意义的最小单位。《KDML——知网知识系统描述语言》[①] 中详细描述了 HowNet 知识系统描述语言的语法规则和概念描述方式。

2.5 本章小结

本章首先介绍了中文信息处理的概念、同西文信息处理的区别和研究的对象；叙述了中文信息处理中分词的概念和实现方法，并且着重描述了中科院分词系统实现的过程；阐述了分词的相关理论和实现方法；最后简述了实现 HowNet 的设计理念。

---

① KDML——知网知识系统描述语言［EB/OL］. http：//www. keenage. com/Theory%20and%20practice%20of%20HowNet/07. pdf. 2012. 1. 5.

第3章 “三农”概念簇表示研究

3.1 引言

人们在农业发展的过程中，通过坚持不懈的传承和创新积累了大量的关于农业生产、农村建设、农民生活的知识，并利用这些知识指导农业生产和日常生活。到20世纪50年代，信息化革命的兴起，信息资源的存储方式也从纸质形式转向数字形式。由于数字形式的信息有利于存储和用户查询，从而加速了“三农”信息资源的积累。

数字信息时代，信息需要被表示成计算机能够理解的知识，并且概念间的联系还需要被量化。“三农”概念的有效组织和表示，是构建“三农”信息管理系统和信息服务系统的核心。国内外学者研究“三农”知识的组织和表示，以便构建满足人们需求的“三农”信息管理系统。

自20世纪80年代初，联合国粮食及农业组织和欧盟开发一个多语种的结构，涵盖农业、林业、渔业、食物安全及相关科学领域知识组织和表示AGROVOC[①]，并不断对其进行维护与更新。但构建一个完备的知识库需要大量的领域专家参与，且消耗大量的人力和物力资源。

---

① AGROVOC叙词表/概念服务器［EB/OL］. http：//aims. fao. org/standards/agrovoc/about. 2012. 1. 5.

词典聚集了领域内大量专家学者的智慧，用描述性和解释性的精炼语言记录和描述领域内的知识。《农业大词典》是一部大型的、综合性的“三农”百科词典，该词典汇集囊括“三农”领域所涉及的学科，举凡各学科知识体系中的基本概念、基本理论、基本技术和方法，农业政策、法规以及农业科学家、机构等方面的专业名词术语，共约3万词条[①]。同方知网[②]对《农业大词典》进行了数字化处理，形成了网络数字版。

《农业大词典》提供了大量的关于“三农”方面的知识（即词条，文中知识的概念等同于词的概念），“三农”相关知识的有序化表示和度量是研究“三农”信息服务管理系统的基础，因此，如何形成结构化的“三农”知识和如何表示知识和知识之间的关系是需要本书研究的重点内容。

《农业大词典》中的每个词条都包含其主旨内容的描述和解释的释义部分。释义部分都是对其属性的描述，即通过这些属性就可以描述一个词条的主题，因此，本书把这一部分看作单一主题的文本文档，词条的分类处理就转换为文本文档分类进行处理，也即每个词条就转换成一组特征词组成的向量，利用数学和统计的方法处理这些特征向量的相似度，就反映出词条之间的内在关联，进一步构成一个“三农”知识网。

《农业大词典》中的词条是“三农”领域的概念，同一主题概念具有大量相同的属性，因此，本书通过那些相同的属性把不同词条概念组合到一起，形成概念簇。概念簇实质就是把特性相近的词聚集到一起，形成的一个词语的集合。“三农”概念簇通过概念的属性反映“三农”概念之间内在联系，知识是通过向量表示，知识之间的相关

---

① 农业大词典编辑委员会：《农业大词典》，中国农业出版社，1989。

② 农业大词典［EB/OL］. http：//gongjushu. cnki. net/refbook/R200611053. html. 2012. 1. 5.

性可以定量表示。本书利用 KNN 分类器对“三农”知识向量进行分类，同一主题的“三农”概念分为一簇，形成“三农”概念簇。

本书利用“三农”概念簇表示和组织《农业大词典》中的词条，以下内容是词条的预处理和“三农”概念簇生成的方法。第 2 节主要介绍文本分类相关研究；第 3 节给出了从《农业大词典》网络版中利用 DOM 树和正则表达式抽取农业词表的过程及结果；第 4 节介绍人工和 KL 相结合的方法形成特征向量，并研究利用 KNN 分类的方法形成“三农”概念簇；第 5 节详细描述了词表的构建的实现过程和概念簇表示的实验，并评价该方法的有效性；第 6 节是对本章内容做个小结，以及指出“三农”概念簇的进一步优化的方向。

3.2 文本分类相关研究

文本分类[①]就是计算机依据文本的主题内容自动地对文本分类的技术。文本分类模式是模式分类和自然语言处理的一个交叉学科，和文本的语义紧密相关。因此，同一般模式分类相比，文本模式分类有本身的特点：特征维度比较高；特征语义相关；特征的多义和同义现象存在；特征分布的稀疏性；基本线性可分等特性[②]。文本分类的一般流程如图 3-1 所示。

如图 3-1 所示，文本分类过程，首先搜集待分类的文档，同时对文档进行预处理；其次，从文档中抽取出能够表达文档意义的特征，并对其特征进行降维，接着利用机器学习方法进行分类学习形成模型；最后对形成的模型进行测试和评价，同时是依据效果再进行调整，使

① Fabrizio S.. Machine learning in automated text categorization [J]. ACM Computing Surveys. 2002, 1: 1-47.

② 苗夺谦、卫志华：《中文文本信息处理的原理与应用》，清华大学出版社，2007。

其能够更有效地满足需求。中文文本分类的研究起步相对较晚，但是也有大量的学者进行了研究，以下中文文本分类为例解释各个过程。

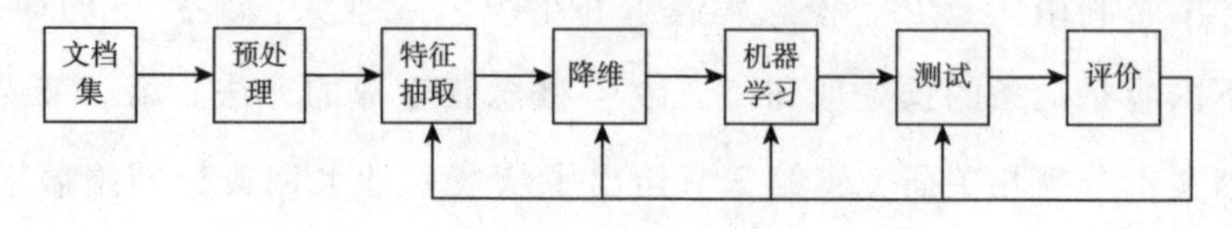

图 3-1　文本分类过程

中文文本分类中，文本预处理主要是对文本进行分词和停用词（没有实际意义的词或者符号）进行处理。特征抽取就是从文档中抽取能表达文档意义的词等特征。Liping Jing 等[①]将特征的选择概括为基于词语的特征、基于知识（概念）的特征，以及基于两种混合的特征。

在选择了文本的特征后，就可以形成一个基于特征值的向量空间，然后把文本文档转换到该向量空间中表示。文本表示研究方法主要有布尔表示法（特征词或概念在文档中是否出现，出现记为 1，不出现记为 0）、*TF*（文本特征词出现的频率）、*TF×IDF*（特征值的逆文档频率），这些特征值的形成方法将在第三部分特征抽取部分叙述。

然后是特征降维，文本分类利用的方法主要有基于语义知识、基于数学方面的矩阵压缩以及两者相结合的方法，本书是应用两种方法对抽取的特征进行降维。分类时，利用机器学习的方法和模式分类的方法是一致的，本书采用 KNN 分类方法实现“三农”概念簇分类。

最后是需要对形成模型进行评估，本章采用的评价标准在第 5 节的评价标准部分有详细的叙述。

---

① Jing L.，Michael K. Ng.，Joshua Z.. Knowledge-based vector space model for text clustering［J］. Knowledge and Information Systems，2010，1：35-55.

3.3 基于规则的“三农”词表的构建

在现代信息化条件下，人们创建了大量数字文档的信息资源，并且还借助于计算机处理这些数字文档，因此，这就要求对知识进行结构化和数字化处理，形成计算机能够识别的知识概念表示形式。从知识概念的领域范围可以分为通用域和专业域，例如，英文WordNet[①]和中文的HowNet[②]都是一个通用域的知识表示，Mesh[③]是医学领域的知识表示。

本节的工作是从网络的《农业大词典》中抽取词条及其释义部分，即利用网络版的《农业大词典》构建“三农”词表。具体工作主要包括“三农”词表的结构设计、基于DOM树的“三农”词条及其释义部分的抽取，以及基于正则表达式的“三农”词条口语名称的抽取。

3.3.1 “三农”词表数据结构设计

“三农”词表是本书设计的一个描述“三农”知识体系结构，通过自动收集《农业大词典》“三农”相关概念知识的表示和概念类别。“三农”词表包含每个概念的特征描述，以及描述概念的特征信息。“三农”词表的结构设计如表3-1所示。

表3-1 “三农”词表结构

标识	功能描述
NO.	词语编码
W_ C	中文标识符

① WordNet [EB/OL]. http://wordnet.princeton.edu. 2012.1.5.

② HowNet [EB/OL]. www.keenage.com. 2012.1.5.

③ Mesh [EB/OL]. http://www.nlm.nih.gov/mesh/meshhome.html. 2012.1.5.

续表

标识	功能描述
W_ F	《农业大词典》词条的特征词向量，描述格式为｛特征词 1 \ 权重，特征词 2 \ 权重，……，特征词 n \ 权重｝
W_ E	英文标识符
W_ SC	中文书面语标识符（如果为空，表明该词本身就是书面语的表述）
W_ SNO.	中文书面语标识符的编码
W_ Type	词语所属的农业分类的类型（该类型通过下一节产生“三农”概念簇来表示）

词语编码 NO. 是词在“三农”词表中的唯一标识符，通过其可以唯一确定该词语。中文标识符 W_C 是“三农”的词语中文字符串，该项通过《农业大词典》获取，通过规则抽取的方法从网页中自动抽取获得。英文标识符 W_E 是“三农”词语的英文字符串，该项获取的方法同中文标识符相同。W_C 和 W_E 通过基于 DOM 树的抽取方式抽取。特征向量 W_F 是通过《农业大词典》中对于该词语的描述和解释中表达此词条的词语，其格式表示为“特征词 \ 权重”，通过特征抽取的方式计算得到。由于日常生活中，人们对同一个实物、事件有不同表达方式，在该词表中通过中文书面标识符的编码 W_SNO. 和中文书面标识符 W_SC 把它们统一起来。词语所属类型 W_Type 是“三农”词条所属的“三农”概念簇。

该词表可以通过数据库、文本、XML 等方式都可以对其进行存储，其中数据库的存储便于对该词表进行管理和方便其他用户对其进行检索和管理，本书采用数据库的方式对“三农”词表进行存储管理。

例 1 “阿尔泰羊”的词语特征

表 3-2 记录了“阿尔泰羊”的有关信息，其在数据库的 NO. 是 00014；英文名称为“Altai merino”；概念特征｛毛 \ 2，肉 \ 1，羊 \ 7，品种 \ 1，外形 \ 1，体重 \ 1，羔 \ 1｝说明通过毛、肉、羊、品

种、外形、体重、羔这些特征来描述；通过 W_Type 表明其所属的概念簇为畜牧业。

表 3-2 “阿尔泰羊”的词表特征

属性	属性值
NO.	00014
W_C	阿尔泰羊
W_F	{毛\2，肉\1，羊\7，品种\1，外形\1，体重\1，羔\1}
W_E	Altai merino
W_SC	—
W_SNO.	—
W_Type	畜牧业

例 2 “尖叶蕉”的词语特征

通过表 3-3 可以得到“尖叶蕉”的有关信息，其 NO. 是 29915，通过 W_SC 和 W_SNO. 表明其是“阿加蕉”的另一种表达，实质是同一事物，其特征描述可以通过 NO. 为 00016 的“阿加蕉”得到。这样计算机理解文本时，通过“三农”词表，就能够把同一事物所有名称统一起来进行处理。

表 3-3 “尖叶蕉”的词表特征

属性	属性值
NO.	29915
W_C	尖叶蕉
W_F	
W_E	
W_SC	阿加蕉
W_SNO.	00016
W_Type	果树

3.3.2　基于 DOM 树的网页抽取

本节主要研究如何从中国知网工具书的《农业大词典》的 Web 页面中抽取“三农”词表中的词条和其对应的释义部分，是特征抽取和“三农”概念簇分类研究的预处理工作。

Web 网页是利用 HTML 标记语言组织起来的文件。但 HTML 标记语言主要是用于数据的标记，和数据的显示，不能够描述文本的意义。大量的学者针对大规模的、复杂的 Web 文档研究实体信息抽取，寇月等人①将研究方法分为基于自然语言处理的方式、基于视觉的方式、基于机器学习的方式和基于 DOM 树的方式。

基于 DOM 树的方式是利用标记符可以把 Web 文档转换成为树形结构，通过人工的方式或自动的方式分析各个子树结点的标签属性和内容确定结点包含的文本的含义。文档对象模型②（Document Object Model，DOM），是 W3C 制定的接口规范标准。该方法首先需要 HTML 文档被解析，并把 Web 文档转化为 DOM 树，然后把 Web 文档中的一个标签形成 DOM 树的节点。

通过对中国知网中《农业大词典》的 Web 页面分析，表明其网页的结构比较规则，并且每个结点的属性都能够表达出该子树的结点的含义，人工分析抽取其中和词条相关的标签，如图 3-2 所示。〈div class="dcontent"〉子树的结点是和整个词条内容相关的内容；〈div class="title"〉子树结点是“三农”词语的中文、英文标识的内容，其中〈span id="titleText"〉结点是中文标识符，〈span id="titleTextEN"〉结点是其对应的英文标识符；〈div class="contentText" id="lblcontent"〉子树下的结

① 寇月、李冬、申德荣等：《D-EEM：一种基于 DOM 树的 Deep Web 实体抽取机制》，《计算机研究与发展》2010 年第 5 期，第 858~865 页。

② W3C Document Object Model [EB/OL]. http://www.w3.org/DOM/. 2012.1.5.

点是关于该词语的释义本书内容，本书需要抽取的信息是〈span id=" titleText"〉〈/span〉、〈span id=" titleTextEN"〉〈/span〉、〈div class=" contentText" id=" lblcontent"〉〈/div〉结点下的文本内容。

```
〈div class=" dcontent"〉
……
  〈div class=" title"〉
  ……
    〈div class=" col" id=" Ti"〉
      〈span id=" titleText"〉中文名称〈/span〉
      ……
      〈span id=" titleTextEN"〉英文名称〈/span〉
      ……
    〈/div〉
  〈/div〉
  〈div class=" contentText" id=" lblcontent"〉
    词条释义
  〈/div〉
  〈div class=" othercontent"〉
    词条的一些其他属性
  〈/div〉
〈/div〉
```

图 3-2 词条页面 HTML 解析结果

依据以上对《农业大词典》Web 页面的分析和 DOM 树信息抽取的方式，基于 DOM 树的“三农”词语及其释义内容的抽取方法的流程如下。

首先，人工分析页面，标注出中文词条标识符、英文表达标识符，以及对应的词条释义内容的 HTML 标签和其属性值，按照上述分析将〈span id=" titleText"〉、〈div class=" contentText" id=" lblcontent"〉、〈div class=" contentText" id=" lblcontent"〉结点的内容分别记为 label_C、label_E、label_Content。

其次，利用 HtmlParser① 把 Web 文档生成 DOM 树，查找包含 label_

① HTML Parser [EB/OL]. http://htmlparser. sourceforge. net/. 2012. 1. 5.

C、label_E、label_content 的结点，抽取它们子树的文本内容，然后把其生成文本存储（通过对“巴梨”[①] 抽取的文本如图 3-3）为“三农”概念簇分类做基础。

巴梨(W_C)　Bartlett(W_E)
欧洲古老的洋梨品种。中国渤海湾和黄河故道地区以及陕西、山西等地有栽培。平均单果重 220 g 左右,粗颈葫芦形,果皮黄色,阳面间有红晕,宿萼,果肉乳白色,肉质细,经 7~10 天后熟,柔软易溶,汁液特多,味浓甜,具芳香,品质上。烟台 8 月底成熟。不耐贮藏。为生食和制罐的优良品种。丰产,适应性广,喜肥沃沙壤土。抗黑星病和锈病的能力较强,易染腐烂病。

图 3-3　基于 DOM 树的词条抽取实例

最后，在文本中抽取中文词条以及英文词条，并保存到“三农”词表数据库中的 W_C 和 W_E 中。

3.3.3　基于正则表达式的信息抽取

“三农”词汇源自人们的生产、生活中，不仅包含大量书面语词语，而且还有日常口语名称，但其表达的意思是一样的，因此，在计算机处理自然语言中，需要把这些口语名称词语和其书面语对应起来。在《农业大词典》已经把一些词语的口语名称整合到其释义部分的内容中，本部分主要研究如何从词条的释义部分的文本中抽取口语名称，并把其组织到“三农”词表中。

正则表达式是指一个用来描述或者匹配一系列符合某个句法规则的字符串的单个字符串。[②] 从复杂字符串中查找特定的字符串，正则表达式具有快速、准确的特点。基于正则表达式的信息抽取思想是把词条释义部分的文本作为一个字符串，然后利用人工抽取的正则式查

① 巴梨［EB/OL］. http：//gongjushu. cnki. net/refbook/detail. aspx？RECID = R2006110530000216. 2012. 1. 5.

② 正则表达式［EB/OL］. http：//zh. wikipedia. org/wiki/正则表达式 . 2012. 1. 5.

找到口语名称，并把其存储到“三农”词表中。基于正则表达式方法口语名称抽取的流程如下。

首先，人工分析词条中口语名称前后出现的标识符，并且人工编写抽取的正则表达式，同时将其和相同概念的词条，也即书面概念统一联合起来，把规则一起放入规则库。

分析包含口语名称的释义文本部分，口语名称出现的前后一般都有明显的标识性词语和符号，并且都出现在第一段等特点。其前面的词语和符号一般是“又称”和“俗称”等词语，这些词语表明后面是一些口语名称；后面的标识符一般是到“。”；另外，前后界标识符之间一般包含多个口语名称，它们之间用“、”分割。因此，本书采用正则表达式抽取“三农”的口语词汇。

其次，读入上一节基于 DOM 树形成的词条及释义部分的文本文件，对词条释义部分结合人工编写的口语名称的规则库获取匹配字符串，从而抽取表达概念口语名称的字符串，并将其和词条统一起来。

最后，把表达概念口语名称的字符串和其对应的词条概念，按照“三农”词表（表 3-1）的数据格式，一起存储到“三农”词表数据库中。

利用上述的方法对所有的文档进行抽取，最后 6369 个词条（占总词条个数 28062 的约 23%）包含别称或简称。表 3-4 中列举了一些从《农业大词典》抽取的口语名称以及和起对应的书面语。

表 3-4 《农业大词典》口语名称实例

口语名称	概念词条	口语名称	概念词条
尖叶蕉	阿加蕉	普通八哥	八哥
滇杨梅	矮杨梅	寒皋	八哥
鹅毛竹	矮竹	鸜鹆	八哥
鸡毛竹	矮竹	鸲鹆	八哥
小竹	矮竹	鹩哥	八哥

3.4 基于KNN的“三农”概念簇表示

对于词典的编写，一般都需要对不同的词条按照主题进行分类，这是一项需要耗费大量人力、物力的工作，并且还存在专家、学者对同一个词语的划分不统一的情况。由于对相同主题的词条的描述，会包含大量相同的实体词，因此，本节研究如何利用KNN分类算法，对《农业大词典》词语的主题进行分类，形成“三农”概念簇。以下详细阐述特征词的抽取和特征权重形成方法，然后利用KL对特征词向量进行压缩处理，最后介绍KNN分类算法的知识，以及利用KNN分类算法生成“三农”概念簇。

3.4.1 特征抽取

特征提取和选择是分类的一个重要环节，特征抽取的结果直接影响分类效果。图3-4是本书中特征抽取的过程，主要包括人工特征词的选取、特征词进行合并形成概念和利用KL变换对人工选择形成的向量降维。

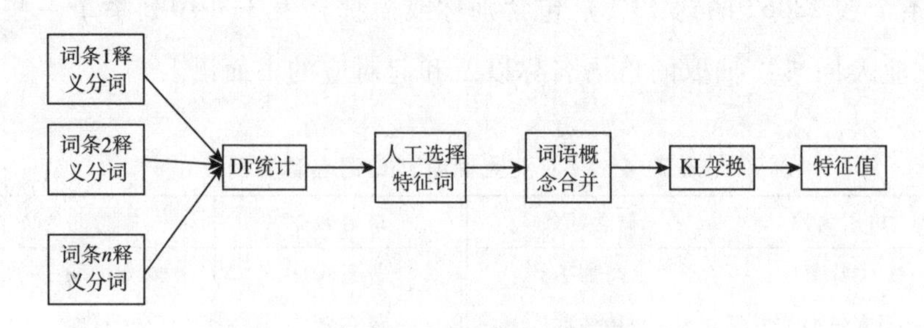

图3-4 “三农”概念簇特征抽取流程

词条释义分词以后，每部分都包含大量名词、动词、形容词、副词等词性的词语。名词是指代人、物、事、时、地、情感、概念等实体或抽象事物的词，说明事物某一方面特征。“三农”词条释义部分出现的除了地名、人名的名词外，其余名词是能够反映“三农”词语的主题特征的，因此，在文档频率（DF）统计词语在所有文档中出现频率时，仅仅统计名词部分。

3.4.1.1　人工抽取特征词

“三农”词条的释义部分的主要特征是描述词条特性的词语组成，词语的应用具有大量的主观能动性，因此，本书在特征选择时，结合多人对于“三农”词汇的理解，选择最能表达词条意义的特征作为特征向量中的项。

人工选择特征向量的步骤如下。

步骤 1，选择词条的释义部分中所包含的所有名词，并把其组合到一个集合，形成该“三农”词典的特征候选集。

步骤 2，统计每个特征词的 DF，并且把 DF 值的值从大到小排列。

$$df_t = \sum_{i=1}^{n} O_t(d_i) \tag{3-1}$$

其中 n 是所有的词条总数，d_i是第 i 个词条的释义文本，O_t（）是一个判断是否包含词项 t 的一个函数，如果包含 t，函数值为 1，否则，函数值为 0。

步骤 3，把 DF 大于设定阈值的特征搜集到一起，然后人工选择能够表示“三农”词条语义的特征词。

步骤 4，把相关的词语进行合并形成概念特征。这是由于一些词语有不同的表达方式或者一些词语是某些大的概念特征词的一部分，但是为了更清晰地解释词条，采用不同的词语来进行描述和表达，通过词语概念合并，把这些词语合并成一个特征。词语概念合并可以有效地降低特征向量的维度和减少向量的稀疏度。

3.4.1.2　词语特征合并

人工特征抽取以后，这些特征词之间还存在大量语义的关联，为减少这种关联，本书把具有相同意义的词语合并。以下是根据特征词之间的语义关系而形成的特征词概念合并的原则。

（1）中心词替代

词素是构成词语的最小单位，词语都是由词素构成的。在词语中，有的词素是能够反映整个词语的中心意思，因此，词素是能够代替词语的中心词，本书通过词素代替特征词，从而实现特征的合并。通过中科院分词软件，能够搜集到在《农业大词典》中出现的词素，然后以其为基础，进行特征合并。如表 3-5 中，“肢”、“枝”、“花”。

（2）整体替代部分

词语概念描述中，详细解释概念某一特征时，就详细描述特征的组成部分。本书利用整体特征代替部分特征，实现特征合并。如表 3-5 中，花萼、花瓣、花冠等花的组成部分，都可以用花作为其特征词和表 3-5 中的芽孢、胚芽、顶芽等是关于芽的组成部分，那么就用芽来代替其他所有词语。

（3）类属关系替代

类属关系也称上下位关系，是指一些子概念，由于其共同属性形成其上位概念，在把这些子概念合并起来作为一个概念特征。本书用上位概念代替其下位概念，实现特征合并。如表 3-5 中的脂肪酸、硫酸、磷酸、醋酸等都是有机酸的一种，就将其合并为一个类别；另外，鹅、雏鸡、猪等都属于家养畜禽的一个类别，就将这些词语合并为一个大类，即畜禽。

表 3-5 特征概念合并实例

特征词	概念特征
前肢、后肢、四肢、肢	肢
枝干、枝条、枝叶、侧枝、主枝、枯枝、分枝、枝	枝
脂肪酸、硫酸、磷酸、醋酸、氨酸、氨基酸、乳酸、核酸	有机酸

续表

特征词	概念特征
花芽、花序、花丝、花色、花蕾、花茎、花冠、花梗、花粉、花萼、花朵、花被、花瓣、花	花
鹅、雏鸡、猪、鸭、兔、马、驴、家兔、家畜、家禽、畜禽	畜禽
芽孢、胚芽、顶芽、腋芽、幼芽	芽

在实际的特征值概念合并中，三个原则不是分开的。本书中的特征大都是混三个原则一起对特征词语进行合并，形成新的概念特征。

3.4.1.3 特征权重生成

在人工选择了特征词以后，特征词在向量空间中的权重对文本的表示也有重要意义，在文本分类中常用的几种权重计算方式。

(1) 布尔权重

布尔权重是一种简单的权重计算方法，通过判断特征词是否出现在文档中确定权重，其计算法方法为：

$$w_{ij}=\begin{cases}1 & t_i \in D_j \\ 0 & t_i \notin D_j\end{cases} \tag{3-2}$$

其中 w_{ij}是特征词 t_i 在文档 D_j 中的权重，如果 t_i 出现在文档 D_j，那么其权重值就为 1；反之，如果 t_i 没有出现在文档 D_j，那么其权重就为 1。

(2) 频度权重

频度权重是利用特征向量在文档中出现的次数作为权重值，其主要思想是，一个特征在文中出现的频率越高，那么其特征就越重要，表示为：

$$w_{ij}=tf_{ij} \tag{3-3}$$

tf_{ij}为 t_i在文档 D_j 中出现的次数。

同时，考虑到文档长度对其权重的影响，从而考虑利用文本的长度对其频度进行归一化处理，本书中采用的权重表示为：

$$w_{ij} = \frac{tf_{ij}}{\sum_{k=1}^{m} tf_{kj}} \tag{3-4}$$

其中，tf_{ij}与前面频度权重计算的意义一致，m 是特征词数目，w_{ij} 表示特征词在文档 D_j 中出现的频率，并且满足 $\sum_{i=1}^{n} w_{ij} = 1$。

（3）*TF×IDF*

该法在文本处理中应用最广泛的一种权重计算方法。其表达方式为

$$w_{ij} = tf_{ij} \times \log\left(\frac{n}{n_i}\right) \tag{3-5}$$

其中，n 为训练集中文档的数目，n_i 为出现特征词 t_i 在数据集中出现该特征词的文档数据，tf_{ij}为 t_i 在文档 D_j 中出现的次数。

由于本书特征词是人工抽取的，所有特征词都能够充分体现“三农”概念的语义内容，因此，在特征权重形成时候就不考虑逆文档频率（*IDF*）的影响。“三农”概念簇是主题的语义，分类时，只需要考虑释义部分是否包含某属性，就可以表明属性的词条的主题。所以，本书中的特征向量的权重为布尔权重。

3.4.1.4 KL 变换降维

KL 变换又称为主成分分解或者霍特林（Hotelling）变换。通过该变换可以去掉随机向量中各元素间相关性的线性变换，将原始数据信息集合变换到主分量空间使数据信息样本的互相关性降低到最低点。

X 是一个 N 维向量样本集合，x_i（$i = 1, \cdots, s$）是集合中的一个向量，m 是该样本集合中的样本数量，μ 是其样本集合的均值向量，协方差矩阵为 C。

$$\mu = \frac{1}{s}\sum_{i=1}^{s} x_i \tag{3-6}$$

$$\begin{aligned} C &= E[(x-\mu)(^x-\mu)T] \\ &= \frac{1}{s}\sum_{i=1}^{s}(x_i-\mu)(x_i-\mu)^T \\ &\approx \frac{1}{s}\sum_{i=1}^{s} x_i x_i^T - \mu\mu^T \end{aligned} \tag{3-7}$$

求得协方差矩阵 C 的特征值和特征向量矩阵分别记为 λ_1, …, λ_N（$\lambda_1>\lambda_2>\cdots>\lambda_N$）和 A（A_1, …, A_N），任何一个向量 x 都可以投影特征空间 A（以协方差矩阵 C 的特征向量为基向量）中的表示：

$$y = A^T(x-\mu) \tag{3-8}$$

选择前 L（$L \leqslant N$）项的最大特征值分别对应的特征向量，构成新的状态空间 A^*（A_1, …, A_L），并且保证累积方差的贡献率

$$e = \frac{\sum_{i=1}^{L}\lambda_i}{\sum_{i=1}^{N}\lambda_i} \tag{3-9}$$

尽可能大，L 尽可能小，集在保证信息量的情况下，还尽可能地减少了数据信息量的维度。对于 x 投影特征空间 A^* 的变换是

$$y = A^{*T}(x-\mu) \tag{3-10}$$

KL 变换能够有效地保留数据信息的主要成分，并且能够把原始信息转换到相关性很小的主成分量上，从而得到降低特征数据数。

3.4.2 基于 KNN 的“三农”概念簇形成

3.4.2.1 KNN 分类思想

近邻法是由 Cover 和 Hart 在 1968 年提出来的，由于其理论上研究比较成熟并且简单，一直是机器学习中的一个重要的分类方法之一。

K 近邻（K-Nearest Neighbor，KNN）[①] 是近邻法的一种，是取未知样本 x 的 k 个近邻，其中包含多数的样本点属于的那一个类别，就把其划归到该类别。

假设 N 个样本，可以分成 c 个类别 w_1，w_2，…，w_c，每类表明类别的样本个数为 N_i（$i=1$，2，…，c），若 k_1，k_2，…，k_c 分别是未知样本 x 的 k 个近邻中属于 w_1，w_2，…，w_c 类的样本数，那么定义其判别函数为：

$$g_i(x)=k_i,\ i=1,2,\cdots,c \tag{3-11}$$

决策规则就为：

$$g_j(x)=\max_i k_i \tag{3-12}$$

那么 $x\in w_j$，x 把样本划为 w_j 中。

3.4.2.2 基于 KNN 的“三农”概念簇步骤

依据 KNN 分类的思想，“三农”概念簇分类的主要步骤如下。

步骤 1，随机选择《农业大词典》中的词条抽取一部分作为样本集，并对样本集进行类别标注，同时对词条的释义部分分词，同时利用本书的特征抽取的方法形成特征向量，从而形成一个样本矩阵。

步骤 2，然后对样本集矩阵进行 SVD 分解，获取前 n 个特征值和特征对应的特征向量，一起形成特征向量空间 A^*。

步骤 3，对于待分类的词条首先利用 A^* 对其进行 KL 变换，然后选择 k 个与其距离最小的 K 个样本，并且统计出大多数样本所属的类别。

步骤 4，输出待分类词条就归属于其相邻的样本中多数属于的类别，从而获得词条所属的“三农”概念簇。

---

① 边肇祺、张学工：《模式识别（第二版）》，清华大学出版社，2000。

3.5 实验及结果分析

本部分主要是通过实验说明利用 KNN 分类对于《农业大词典》进行主题概念分类的有效性，并且利用实验验证本书利用人工特征抽取、词语概念合并，以及 KL 特征抽取等特征抽取方法的有效地性。以下内容从数据搜集到分类评价的实验设计、分类效果的评价标准和不同的实验结果。

3.5.1 实验设计

为了验证基于 KNN 分类对于“三农”概念簇的有效性，本书设计了从数据收集到评价分析的实验，实验过程如图 3-5 所示。

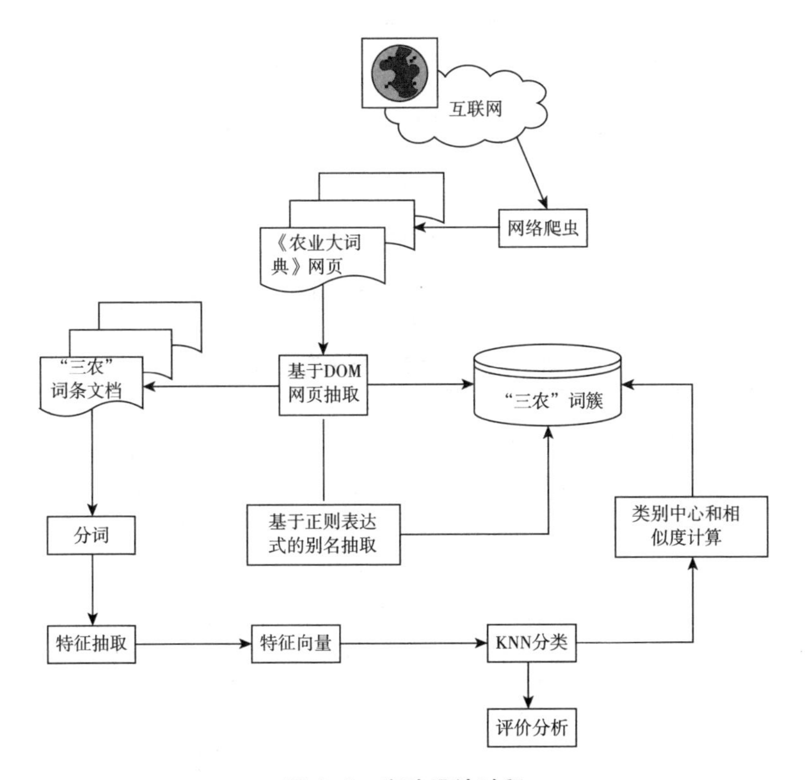

图 3-5 实验设计过程

首先，通过网络爬虫程序从同方知网的《农业大词典》① 的词条网页上，把所有的词条及其释义部分的 Web 页面抓取到本地文件系统。

其次，利用本书中第 3 节的基于 DOM 树的页面抽取方法，从 Web 页面文件中抽取“三农”词条及其释义部分，并把其保存到本地的文件系统。同时，利用本书第 3 节中的基于正则表达式的信息抽取方法，从释义部分抽取“三农”词条的口语名称。

再次，利用中科院的分词系统对词条的释义文件进行分词处理，然后利用本书第 4 节的人工特征抽取方式选择特征词，并把每个“三农”词条的释义部分转成特征向量。

最后，利用 Weka② 对所有的词条形成向量进行 KNN 分类，并且分析分类的效果。

《农业大词典》按照农业科学知识体系把词条分成了 23 个主题类，同时，对主题类进一步细分为 321 个小的类别。在实验的过程中，为了保持分类体系的完整性，按照《农业大词典》主题分类知识，把“三农”词条分成 23 个概念簇（每个概念簇包含主题一致的词条），词条的类别标注利用了《农业大词典》中的词目分类目录。表 3-6 中把概念簇的名称及在数据集中类别的编号都进行了标注。

表 3-6 “三农”概念簇类别

类标签	类名	类标签	类名
1	农业经济	7	植物营养与施肥
2	农业历史	8	植物病理
3	生物学	9	昆虫
4	农业气象	10	农药
5	农田水利	11	农业机械及农业工程
6	土壤	12	农作物

① 农业大词典［EB/OL］. http：//gongjushu. cnki. net/refbook/R200611053. html. 2012. 1. 5.

② Weka［EB/OL］. http：//www. cs. waikato. ac. nz/ml/weka/. 2012. 1. 5.

续表

类标签	类名	类标签	类名
13	蔬菜	19	蚕业
14	果树	20	蜂业
15	观赏园艺	21	水产业
16	林业	22	生态与环境
17	茶业	23	法规·人物·机构
18	畜牧业		

《农业大词典》中总共包括28062条词条，对释义部分分词，并且利用人工选择特征词选择后，把包含少于5个特征词的词条去除，最后获得有效的“三农”词条为25554条，不同概念簇中包含的词条输入如图3-6所示。

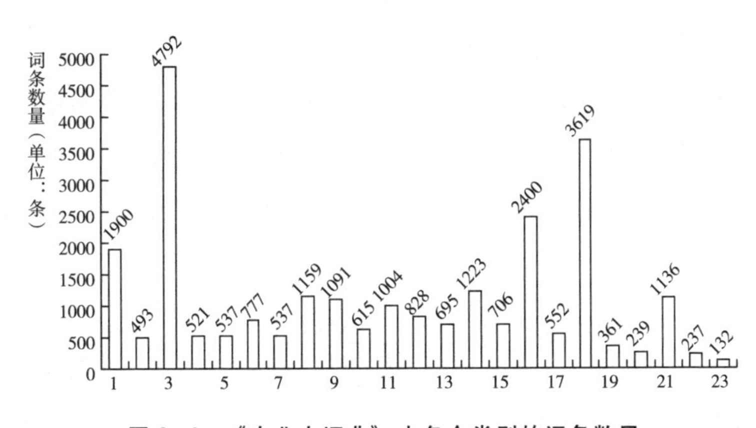

图3-6 《农业大词典》中各个类别的词条数目

3.5.2 评价标准

目前对于分类效果的评价要通过实验进行，主要方法包括分类的准确率（P）、召回率（R），以及 F-*measure*。在定义评价指标之前，首先定义几个符号

tp：正确分类的实例数目

fp：错误的分类的实例数目

fn：未能正确识别的实例数目

（1）准确率

准确率是为了表征分类结果中有多少是正确的分类，计算方法如下：

$$P=\frac{tp}{tp+fp} \tag{3-13}$$

（2）召回率

召回率是为了表征某分类器正确分类的能力，计算方法如下：

$$R=\frac{tp}{tp+fn} \tag{3-14}$$

（3）*F-measure*

对于不同分类方式，准确率和召回率一般是反比例关系，即提高准确率，召回会有所下降；反之，提高召回率，准确率会有所下降。*F−measure* 综合准确率和召回率，从整体上分析分类效果，计算方法如下：

$$F_{\beta}=\frac{(\beta^{2}+1)\times P\times R}{\beta\times P+R} \tag{3-15}$$

其中 β 是准确率和召回率之间重要程度的一个调节参数，当值为 0 时，*F-measure* 就是准确率；当取值无穷大时，为召回率。通常情况下认为 P、R 的是一样重要的，β 取值为 1，就是通常采用的 F_1-*measure* 分类效果评价指标，计算方法如下：

$$F=\frac{2P\times R}{P+R} \tag{3-16}$$

3.5.3 实验结果分析

在实验中，由于农业经济、农业历史、生物学、农业气象学、农田水利、土壤、生态与环境以及法规、人物、机构中的词条是综合性、抽象性的概念词语，它们的释义部分包含的属性是多个类别的综合，因此，本书主要评价 KNN 分类器对其他“三农”类别分类的效果。由于数量概念比较多，本书采用随机方法选取基于 DOM 树抽取的网页中“三农”词条的 1/3 作为样本数据。

实验部分主要是描述了利用不同的特征向量空间和不同的特征向量权重对“三农”概念簇分类结果的影响。实验中，首先人为地从 DF 值大于 60 的词语中选择 996 个词作为特征词，然后利用上述概念合并的规则对特征词合并形成 887 个特征词，从而形成 887 维的特征向量。

实验中采用了交叉分析的方式，对其分类结果进行分析研究，每次实验都是采用 10-fold 进行实验，把其中 9 份作为训练集，1 份作为测试集。实验分别用特征的 *tf* 值、布尔值和 KL 变换降维的值作为特征向量，以下内容是不同实验的分类结果。

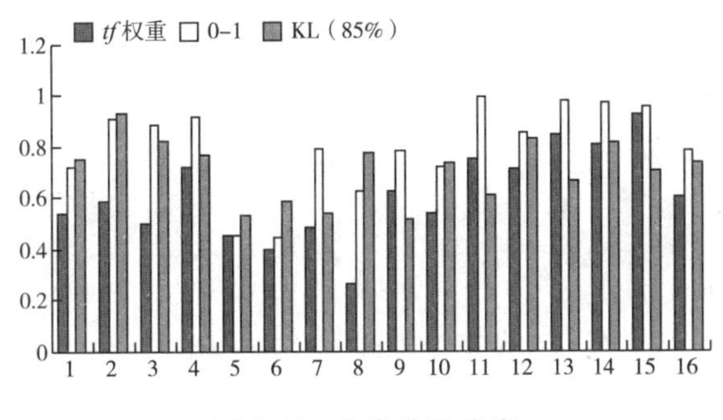

图 3–7 分类的准确率

图 3–7 说明了采用不同的权重设置方式对基于 KNN 分类的 16 类“三农”概念簇分类的准确率。图 3–7 表明，采用布尔权重不同类别

的准确率明显优于采用 *tf* 权重的方法；图 3-7 中 KL 变换是利用贡献率为 85%的情况下形成的特征向量，进行分类测试，其实验结果优于 *tf* 权重的方法；其特征维度为 568，和 887 相比，维度减少近 36%，但经过 KL 变换降维的结果和布尔权重相比较，准确率变换较小。

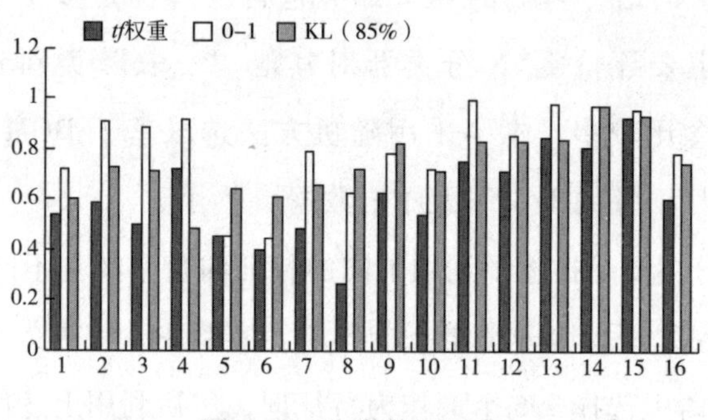

图 3-8　分类的召回率

图 3-8 说明了不同的权重设置方式对基于 KNN 分类的 16 类“三农”概念簇分类的召回率影响。通过图 3-8 表明，采用布尔值作为权重 KNN 分类器的召回率明显优于采用 *tf* 作为权重的方法；采用 KL 变换处理的“三农”概念簇的召回率和其他的方法相比差别不大。

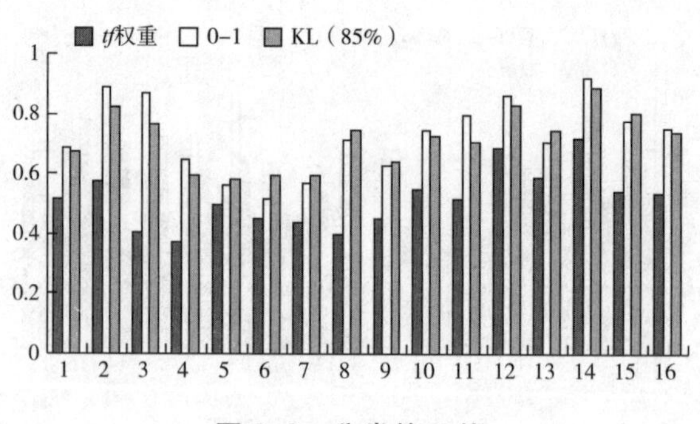

图 3-9　分类的 F 值

图 3-9 说明了采用不同的权重设置方式基于 KNN 分类对于 16 类“三农”概念簇分类的召回率。通过图 3-9 表明，采用布尔权重不同

类别“三农”概念簇的 F 值明显优于采用 *tf* 权重的方法；采用 KL 变换处理的“三农”概念簇的 F 值优于采用 *tf* 权重的方法。

3.6 本章小结

本章研究了从“三农”概念从网络获取到“三农”概念簇生成的整个过程。文中应用基于 DOM 的网页抽取的方法从网络版的《农业大词典》中抽取“三农”词条、释义；应用基于正则表达式抽取信息的方法抽取“三农”概念的口语名称；依据《农业大词典》中词条的释义部分的内容，提出了一个“三农”词表的构建结构和“三农”概念簇的概念，并通过利用 KNN 分类方法形成“三农”概念簇，为以后的“三农”知识研究提供了基础；通过实验的方法验证了本书人工选择特征的方式和利用布尔权重和 KL 变换作为特征权重的有效性。但是，“三农”概念簇的分类是一个平面结构，“三农”概念簇的树型结构分类还需要进一步研究。

第4章　基于混合策略的“三农”FAQ系统研究

4.1　引言

FAQ系统的基本实现思想是应用信息技术，以问题答案对的方式把分散、无序、变换的信息资源进行整合、加工、存储，进而为用户提供优质、高效的信息服务，它是一种有效的数字信息服务形式，已经被广泛地应用于不同领域的信息服务①。FAQ服务方式和以往的专家咨询相比具有以下优点：对用户来说，只要互联网存在，他们就可以不受时间和空间的限制，方便地查询相关问题的答案；对相关的专家、学者或信息服务提供商而言，他们也可以避免经常地、重复地回复同一个问题，从而有更多的时间和精力为其他用户提供更多的信息服务和研究其他的问题。

农民、专家、政府部门积累了大量的生产、生活中的问题和解决的方法，其中有些问题是生产、生活中经常遇到的问题，人们利用不同的载体把这些信息记录下来，这样就形成了关于“三农”问题的常

① 吴英梅、黄婧、郝永艳：《国内外FAQ研究综述》，《长春工业大学学报（社会科学版）》2009年第2期，第113~115页。

见问题集。农业部组织编辑的“现代农业产业技术一万个为什么”丛书[①]，就是通过图书的形式保存、传播农业实用技术知识。但是，当查询生产、生活中问题的答案时，需要耗费大量的时间和精力从书中查找答案。

随着计算机和互联网技术的发展，常见问题集的载体也转换为数字媒体，用户可以更方便地获取相关的信息资源。这类数字信息资源的来源主要有两种途径：第一，数字信息服务商把其他媒体的常见问题集转换成数字信息资源，例如，中国知网用信息技术把“现代农业产业技术一万个为什么”丛书转换成数字信息资源，并通过互联网发布；第二，大量“三农”信息相关网站提供了农业专家在线答疑服务和论坛，其中有许多的问题也是“三农”用户经常遇到的问题，把这些问题聚集起来就形成了“三农”问题的常问问题集。

国内已有学者在研究为广大农民服务的“三农”FAQ 系统。柴秀荣等人[②]利用自然语言中的浅层语义和领域知识构建了一个“三农”FAQ 模型。该系统模型首先抽取用户问句中的农业领域的概念词；然后利用信息检索的方法抽取包含关键词的问句，并计算这些句子和用户问句之间的相似度；最后将大于阈值的问题答案对返回给用户。王聃等人[③]把农业本体应用到“三农”FAQ 的构建中。他们构建了一个农业本体，并将农业本体的知识作为语义理解的基础，应用到“三农”问答系统的问句分析中，然后利用本体扩展、推理等功能来优化“三农”FAQ 系统。如何结合“三农”问题的本身知识特性和服务对象的知识结构特

① 中华人民共和国农业部组编“现代农业产业技术一万个为什么”丛书，由中国农业出版社出版，全套 100 本。

② 柴秀荣、王大为：《基于浅层语义的农业 FAQ 检索系统》，《农业网络信息》2009 年第 8 期，第 59～62 页。

③ 王聃、滕桂法、胡燕等：《基于本体的集中型广域农业信息服务系统研究》，《农机化研究》2009 年第 1 期，第 208～211 页。

征，构建一个为农民、政府和研究者提供关于“三农”常问问题搜集和检索服务的，面向“三农”FAQ 的系统是本书的研究内容。

目前 FAQ 系统的研究主要是集中于问句和问题答案对中问句的匹配，然而事实上，答案部分反映多个问题的主题。因此，本书设计“三农”FAQ 系统包括基于用户的提问和问题集中的问题匹配以及问句和问题集中答案部分匹配两部分。第 2 节主要介绍目前的 FAQ 系统中核心部分句子相似度相关研究；第 3 节主要阐述基于问句词的表层、语义以及问句与问题答案对语义相似度等计算方法，以及组合这些相似度到一起混合策略算法；第 4 节通过设计实验模型验证本书提出的基于混合策略的“三农”FAQ 系统的相似度算法的有效性；最后一节对本章的工作做了个小结。

4.2 FAQ 系统相关研究

一般一个完整的 FAQ 系统包含问题的收集和问题检索两部分组成。问题收集和组织是建立 FAQ 系统的第一步[①]，其工作就是把问题答案对存储到数据库或文件系统中，依据问题答案生成方式实现的自动化程度可以分为人工静态搜集、自动收集和半自动收集。目前大部分 FAQ 系统的问题收集是信息服务者把问题答案对输入计算机，这种方式比较简单方便，内容比较准确，本书就是采用该方式收集问题答案对；同时，整个互联网就是一个大的信息库，可以形成巨大的问题图，动态地形成问题答案集，Adam Westerski[②] 对动态的 FAQ 系统知

---

① 秦兵、刘梃、王洋等：《基于常问问题集的中文问答系统研究》，《哈尔滨工业大学学报》2003 年第 10 期，第 1179~1182 页。

② Adam W.. Dynamic FAQ systems: the state of the art and related work overview [EB/OL]. http://www.adamwesterski.com/wp-content/ files/docsCursos/dynFAQ _ doc _ AgentesInt.pdf. 2012.1.31.

识组织、管理等方面进行研究。

问句相似度匹配是 FAQ 系统的核心部分，其实质就是计算用户提问问句与常见问题集中的问句之间的相似度。在机器翻译、多文档摘要和自动问答等自然语言处理的领域，计算语句相似度是一个关键问题[①]。大量的学者研究利用多种方法来提高问句匹配的能力，方法概括起来包括基于词干的方式、基于语义的方式以及两者混合的方式。基于词干的方法就是利用句子的表层词语特征计算句子之间的相似度，本书的基于句子词的表层结构相似度计算就是基于该方法进行的。

语义相似度的计算主要是利用语言词典中词语概念之间的联系的相似度来计算词语之间的相似度。FAQ Finder 系统利用语法剖析问句中的动词和名词短语，然后把 WordNet 语义学概念知识应用到词语的语义匹配中[②]。Auto-FAQ 系统利用基于浅层语义的自然语言理解分析关键词匹配方法来处理问句匹配[③]。在中文句子匹配研究中，利用 HowNet 作为语义辞典计算词语之间的相似度，首先查找词语在 HowNet 中的主义原，从而计算词语之间的相似度，然后再计算句子之间的相似度[④]。刘群[⑤]和李峰[⑥]分别利用 HowNet 计算词语相似度的方法

① Oliva J., Serrano J., Castillo M., Iglesias Á. SyMSS: A syntax-based measure for short-text semantic similarity. [J] Data & Knowledge Engineering. 2011, 4: 390-405.

② Robin D. B., Kristian J. H., et al., Question Answering from Frequently-Asked Question Files: Experiences with the FAQ Finder System [J]. AI Magazine. 1997, 2: 57-66.

③ Sneiders E.. Automated faq answering: Continued experience with shallow language understanding [EB/OL]. https://www.aaai.org/Papers/Symposia/Fall/1999/FS-99-02/FS99-02-017.pdf 2011.12.1.

④ 张亮、尹存燕、陈家骏：《基于语义树的中文词语相似度计算与分析》，《中文信息学报》2010 年第 6 期，第 23~30 页。

⑤ 刘群、李素建：《基于〈知网〉的词汇语义相似度的计算》，《第三届汉语词汇语义学研讨会》，2002。

⑥ 李峰、李芳：《中文词语语义相似度计算——基于〈知网〉2000》，《中文信息学报》2007 年第 3 期，第 99~105 页。

(本书的基于 HowNet 相似度计算部分中有详细阐述)。车万翔[1]等人在计算句子相似度时，以普通编辑距离算法为基础，结合使用了 HowNet 和《同义词词林》辞典资源中的词汇语义距离，并且对于不同编辑操作赋予不同的权重，提出了基于改进编辑距离的语句相似度算法。

除了改进句子相似度的方法以外，学者还加入了用户的访问日志来减少用户提问和问题集中问题语义鸿沟。Harksoo Kim[2] 结合用户日志设计了一个用户问句和问题答案对匹配的方法。该方法定期地收集和整理用户查询的问句日志，然后利用聚类的方法把日志分到预先定义的 FAQ 聚类类别中，当用户提问时，就先计算与 FAQ 聚类类别之间的相似度，最后通过相似度排列和返回相关的问题答案。

以上关于 FAQ 的问题匹配主要是基于问句中的词表层和语义方面，但是，这类算法就存在召回率比较低的问题。因为，一般问题集中的问题都是针对某一主题方面设置，实际上答案的内容是多主题、多方面的，这样就会导致用户的提问无法查询到理想的答案。本书从提问问句和常见问题集问句的匹配以及问句和答案之间的匹配两方面分析，提出了一种基于混合策略的相似度算法。本算法利用句子表层相似度和基于语义相似度计算问句之间的相似度，同时利用 LSA 计算问句和答案之间的相似度，然后通过二者的组合计算其相似度。

4.3 “三农” FAQ 中问题相似度算法

句子是通过语法结构把词语排列起来，描述一件事情，表达一个

---

① 车万翔、刘挺、秦兵等:《基于改进编辑距离的中文相似句子检索》,《高技术通讯》2004 年第 7 期，第 15~19 页。

② Kim H. , Lee H. , Seo J. . A reliable FAQ retrieval system using a query log classification technique based on latent semantic analysis [J]. Information processing and management, 2007, 43: 420-430.

思想，提出一个问题。因此，匹配两个句子需要从构成句子的词、语义以及句子的结构方面进行研究。问题答案对的语义主题也可以作为提问问句和问题答案集匹配的一个特征值。本节通过将句子词的表层特征、语义特征以及问句和问题答案对主题语义相似度进行组合，构造一种基于混合策略的相似度匹配算法（流程如图 4-1）。

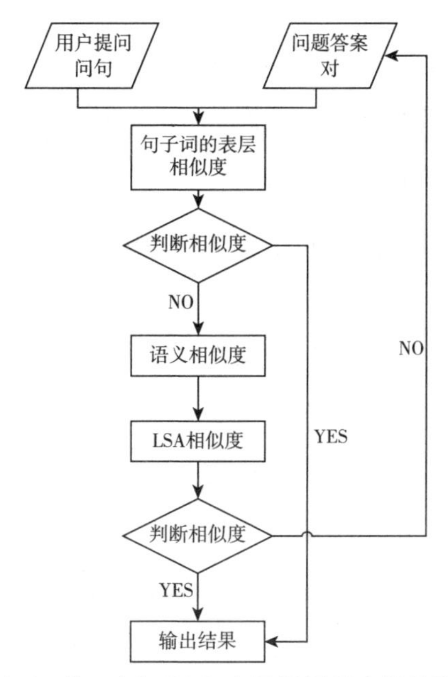

图 4-1　“三农”FAQ 中问题相似度算法流程

从图 4-1 所示的本书算法流程中可以看到的实现过程：首先利用句子表层相似度计算问句和问题答案对中的问句之间的表层相似度，如果大于设定阈值，那么就选择为答案；反之，如果小于阈值，就计算两个句子的语义相似度，以及问句和答案进行 LSA 相似度，然后对这三个相似度加入权重计算混合相似度，判断是否大于设定阈值，如果大于设定阈值，就把其作为问句的答案返回，如果不能满足，就转到下一个问题答案对，循环执行以上的步骤。下文详细解释句子表层相似度、语义相似度、问句和问题答案对中的答案部分 LSA 相似度以及混合策略相似度计算方法。

4.3.1 基于句子词的表层相似度

词是中文信息处理中最小的语义单位。因此，通过词在句子词的表层特征能够反映出句子之间的相似程度，本书利用两个句子之间的相同词语覆盖度、句子长度相似度、词序等特征表征句子词的表层相似度。本书依据对于整个句子词的表层相似度的影响不同，赋予其大小不等的权重值，最后计算句子词的表层综合相似度。

4.3.1.1 相同词语覆盖度

相同词语覆盖度是两个句子中的相同词语数目占两个句子中所有词语数目的比例。两个句子中共现词语来反映两个句子的相似度，其中覆盖度越大，两个句子相似性越高；反之，则两个句子相似性越低。

每个问句 q 都是由若干个词组合而成的序列，利用中文分词的方法对其分词以后，除去停用词，就形成了问句的词语集合 $set(q)$，q 的长度 $len(q)$ 为集合中词语的数目，两个问句 q_1 和 q_2 相同的词的集合为 $set(q_1) \cap \mathrm{set}(q_2)$，记为 $set(q_1 \cap q_2)$，其长度记为 $len(q_1 \cap q_2)$，两个问句中所有词语组成的集合为 $set(q_1) \cup set(q_2)$，记为 $set(q_1 \cup q_2)$，长度记为 $len(q_1 \cup q_2)$。q_1 和 q_2 相同词语的覆盖度为：

$$CSim(q_1, q_2) = \frac{len(q_1 \cap q_2)}{len(q_1 \cup q_2)} \tag{4-1}$$

$CSim(q_1, q_2)$ 值的范围是 0 到 1。如果两个句子的词语完全相同，覆盖度就为 1；两个句子没有相同的词语，覆盖度就为 0。两个句子相同的词语越多，覆盖度值就越大，两个句子相似性越大；反之，覆盖度就越小，两个句子的相似性就越小。

4.3.1.2 句子长度相似度

句子长度相似度是通过两个句子中包含实词的数目之间的关系来

表示两个句子形态上的相似性。句子长度相似度也能够反映两个句子词的表层相似度，两个句子长度的相似度越大，那么两个句子在形态结构上的相似性就越好，即两个句子包含的实词数量相差越少；反之，句子长度的相似性越小，两个句子包含的实词数量相差越多。句子长度相似度为：

$$LenSim(q_1,q_2)=1-\frac{|len(q_1)-len(q_2)|}{len(q_1)+len(q_2)} \tag{4-2}$$

$LenSim$（q_1，q_2）值的范围是0到1。如果两个句子完全的词语数目完全相同，长度相似就为1；两个句子词语的数目差别越大，那么长度相似度就越小；两个句子词语的数目差别越小，句子长度相似度就越大。

4.3.1.3　词序相似度

词序是句子中词语出现的先后位置顺序。词序相似度是两个句子中共现的词语之间位置关系来表征其相似关系。共现词语之间的先后位置关系变化越小，两个句子的词序相似度越高，其相似性就越好；反之，共现词语之间的先后位置关系变化越大，词序相似度越低，其相似性就越差。设两个句子之间相同词的数目为m，然后任意取其中的一个词w_i，在句子q_1中，位于w_i前面的词语形成集合w_b1_i，w_i后面的词语形成集合w_a1_i，在句子q_2中，位于w_i前面的词语形成集合w_b2_i，w_i后面的词语形成集合w_a2_i，集合w_b_i是集合w_b1_i和集合w_b2_i的交集，集合w_a_i是集合w_a1_i和集合w_a2_i的交集，len（w_b_i）和len（w_a_i）分别表示两个集合中词语的个数，则两个句子的词序相似度为：

$$OrdSim(q_1,q_2)=\frac{\sum_{i=1}^{m}\frac{len(w\_b_i)+len(w\_a_i)}{m-1}}{m} \tag{4-3}$$

其中 m 是 set（$q_1 \cap q_2$）词语元素的数量，如果两个句子词序完全相同那么其相似度为 1，如果两个句子的词序完全不相同，那么其相似度为 0。

q_1：为什么玉米市场收购价格经常变动？

分词结果：为什么玉米市场收购价格经常变动

q_2：导致玉米市场收购价格经常变动的原因是什么？

分词结果：导致玉米市场收购价格经常变动的原因是什么

$q_1 \cap q_2$：{玉米市场收购价格经常变动}

从表面的词序上看，尽管不同的提问方式中包含一些干扰词，然而相同词语的词序并没有发生任何变化，因此按照上述公式的算法可以获得 $OrdSim$（q_1，q_2）值为 1。

4.3.1.4 句子词的表层相似度

为了全面反映句子词的表层相似程度，本书把两个句子词的表层覆盖度、长度、语序等特征综合起来，计算两个句子词的表层相似度。句子词的表层相似度值越大，表明两个句子词的表层越相似；反之，该值越小，表明两个句子之间的相似度越低。句子词的表层相似度计算方法：

$$BSim(q_1, q_2) = \lambda c \times CSim(q_1, q_2) + \lambda l \times LenSim(q_1, q_2) + \lambda o \times OrdSim(q_1, q_2) \quad (4-4)$$

其中权重 λc、λl、λo 是依据不同的特征在相似度计算中作用的大小不同而设定的权重，且满足 $\lambda c + \lambda l + \lambda o = 1$。$BSim$（$q_1$，$q_2$）值的范围是 0 到 1。1 表示两个句子词的表层完全相同；$BSim$（q_1，q_2）值越大表明两个句子词的表层相似性越高。

4.3.2 基于句法分析的语义相似度

一个完整的句子是由主语、谓语、宾语、定语、状语、补语等几种成分组成，其中主语、谓语、宾语能够表达出句子的主题思想，是句子的主要成分。两个句子的主要成分词语的语义相似度能够表征两个句子的相似度。因此，本书提出了一种基于句法分析的语义相似度算法。本方法首先通过句法分析获得句子的主要成分；其次分别计算其主要成分的语义相似度，并根据不同成分的作用大小不同，赋予响应权重值；最后利用权重把不同成分的语义相似度组合起来，从而计算两个句子之间的语义相似度。

4.3.2.1　句法分析

句法分析是利用现有的语法知识标注词语在句子中的语法功能，是进行自然语言理解处理的基础。目前国内外大量的学者对中文的句法分析进行了研究，主要的方法包括基于规则模型的方法和基于概率统计的方法，关于句法分析的实现原理和实现方法在本书的第二章有详细的介绍。本书主要利用句法分析来抽取句子中的主干成分，即主语、谓语和宾语，以便于计算两个句子主干成分的语义相似度。

本书在进行语法分析的过程中，利用 Stanford 大学开发的句法分析程序①。例如，对“为什么国家要建立玉米市场体系?”进行语法分析。

首先，利用中科院分词工具对其进行分词，结果为“为什么 国家 要 建立 玉米 市场 体系 ?”。

然后，利用 Stanford 句法分析器对其进行句法分析，得到以下的句法树（如图 4-2）：（a）是该句法树的层次结构，能够方便计算机对其进行处理；（b）是该句法的树型结构。

通过图 4-2 所示的句法树，能够容易地获得句子的主语是“国家”，谓语是“建立”，宾语是“市场”和“体系”，为以后语义相似度比较奠定基础。

---

① The Stanford NLP （Natural Language Processing） Group ［EB/OL］. http：//nlp. stanford. edu/. 2011. 12. 1.

```
(ROOT[.$./.$$.] [60.856]
  (IP[建立/VV]
    (ADVP[为什么/AD] (AD[为什么/AD] 为什么))
    (NP[国家/NN] (NN[国家/NN] 国家))
    (VP[建立/VV] (VV[要/VV] 要)
      (VP[建立/VV] (VV[建立/VV] 建立)
        (NP[体系/NN] (NN[玉米/NN] 玉米) (NN[市场/NN] 市场) (NN[体系/NN] 体系))))
    (PU？/PU] ？ )))[
```

（a）分析结果的嵌套结构显示

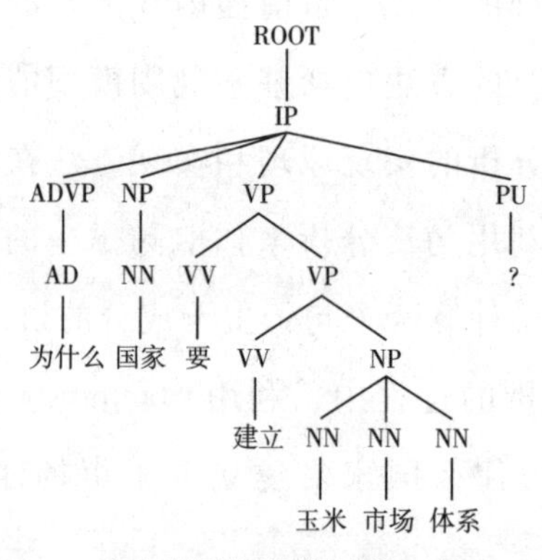

（b）分析结果的树形结构显示

图 4-2 Stanford 句法分析结果

4.3.2.2 基于 HowNet 语义相似度计算

语义相似度的计算方法主要包括基于语料库共现的统计方法和基于语义词典方法。本节主要通过语义词典 HowNet 计算词语之间的语义相似度。

刘群①通过计算两个词语的主义原节点在 HowNet 义原树之间的距离来计算语义相似度，表示为：

---

① 刘群、李素建：《基于〈知网〉的词汇语义相似度的计算》，《第三届汉语词汇语义学研讨会》，2002。

$$Sim(p_1,p_2)=\frac{a}{D(p_1,p_2)+a} \tag{4-5}$$

其中p_1和p_2是两个义原，D（p_1，p_2）表示义原p_1到达义原p_2之间的距离长度，a是一个调节参数。

李峰[①]等人在刘群的基础上进一步探讨了义原的层次对相似度的影响，计算方法为：

$$Sim(p_1,p_2)=\frac{a\times\min(depth(p_1),depth(p_2))}{D(p_1,p_2)+a\times\min(depth(p_1),depth(p_2))} \tag{4-6}$$

其中$depth$（）是计算义原在义原树中的层次深度。与刘群方法相比，其调节参数中加入了义原层次深度对其影响。

以上的两个方法主要是基于HowNet 2000版本，在2007版本推出以后，张亮等人[②]假设节点的语义信息的关系与其到根节点距离成正相关，节点语义的重要程度的关系与其到根节点和距离成负相关，义原间的相似度就表示为：

$$Sim(p_1,p_2)=\frac{2\times\sum_{i=1}^{n}\frac{1}{a+i}}{\sum_{j=1}^{m}\frac{1}{a+j}+\sum_{k=1}^{h}\frac{1}{a+k}} \tag{4-7}$$

其中，p是p_1和p_2重叠的最深的义原节点，$n=depth$（p）、$m=depth$（p_1）、$h=depth$（p_2）。

本书假设两个义原之间的相似度受所在的层次深度和两个重叠的层次深度的影响，也就是说，两个义原的重叠的层次越深对于两个义原的相似度影响越大；距离根节点越远，说明义原表示信息细小，那么相似度越小。因此，设计相似度计算公式为：

---

① 李峰、李芳：《中文词语语义相似度计算——基于〈知网〉2000》，《中文信息学报》2007年第3期，第99~105页。

② 张亮、尹存燕、陈家骏：《基于语义树的中文词语相似度计算与分析》，《中文信息学报》2010年第6期，第23~30页。

$$Sim(p_1,p_2)=\frac{depth(p)}{\max(depth(p_1),depth(p_2))+a} \tag{4-8}$$

其中，p 是 p_1 和 p_2 重叠的最深的义原节点，a 为设置的一个调节参数，实验中该值设置为 1。如果两个节点重叠的层次深度越大，那么两者之间的共性越大，表明两者之间的相似度越大；如果两个节点都比较靠近根节点，那么两者之间的差异性越小，表明两者之间的相似度也越大。

由于本书中对于语义的要求没有其他语义相似度那么高，因此，词语相似度等价于其主义原的相似度。

4.3.2.3　动词相似度

一个问句中可能包含多个动词性质的词语，但是只有其中的谓语动词在表达句子的主题思想方面的作用比较大，所以在计算句子语义相似度时，对于动词部分要把它们区分开来进行计算。

w_1、w_2 分别是两个句子的动词，它们之间的关系包括：两者都是谓语动词；一个是谓语动词，另外一个不是；两者都不是谓语动词。句子中动词之间相似度通过公式 4-9 计算

$$Vsim(w_1,w_2)=\begin{cases} Hsim(w_1,w_2) & w_1,w_2\text{ 都是谓语动词} \\ \alpha\times Hsim(w_1,w_2) & w_1,w_2\text{ 中一个是谓语动词,一个不是} \\ \beta\times Hsim(w_1,w_2) & w_1,w_2\text{ 都不是谓语动词} \end{cases} \tag{4-9}$$

$Hsim$（w_1，w_2）是两个动词在 HowNet 词典中的相似度，w_1、w_2 的相似度利用它们在 HowNet 中的义原之间相似度进行度量，通过式 4-8 计算。α、β 是权重系数，其中 $\alpha<\beta<1$。

两个问句中动词相似度表示为：

$$Vsim(q_1,q_2)=\frac{1}{m\times n}\sum_{j=1}^{m}\sum_{i=1}^{n}Vsim(w_{1i},w_{2j}) \tag{4-10}$$

其中 m 是 q_2 中包含的所有动词的个数，n 为 q_1 中包含的所有动词

的个数，w_{1i}是问句 q_1 中第 i 个动词，w_{2j}是问句 q_2 中第 j 个动词。

4.3.2.4　名词相似度

利用句法分析获取句子中的主语和宾语成分，其主要是由名词或名词短语组成，计算句子中主语和宾语相似度实质就是计算其中名词的语义相似度。在“三农”问句中名词包含“三农”领域的专业名词和通用领域的名词两种，由于其没有包括一个统一知识库中，其相似度计算方式也不同。通用领域名词相似度计算也是利用 HowNet 中的义原进行计算其方法在基于 HowNet 的语义相似度中有详细阐述。“三农”领域中专业名词相似度利用《农业大词典》中词的特征向量之间的距离计算得到。“三农”领域中专业名词基于“三农”概念簇相似度表示为：

$$NACsim(w_1,w_2)=\begin{cases}\dfrac{I(w_1)\cdot I(w_1)}{|I(w_1)||I(w_2)|} & \text{如果 } w_1,w_2 \text{ 在同概念簇中} \\ 0 & \text{如果 } w_1,w_2 \text{ 不在同概念簇中}\end{cases} \tag{4-11}$$

其中 I（w）为 w 的特征向量，$|I(w)|$是特征向量的模，· 表示两个向量的内积。

另外，专业名词还有一个特性是一个概念的下属概念一般都包含其上属概念，那么其下属概念之间就有相同的字共现，其能够作为两个概念词语之间度量的特征。如“春小麦”“东方小麦”“冬小麦”是关于“小麦”，它们之间都含“小麦”这两个字。两个概念词之间的相同字符的相似度表示为：

$$NAw(w_1,w_2)=\frac{len(set\_s(w_1)\cap set\_s(w_2))+NAw}{len(set\_s(w_1)\cup set\_s(w_2))} \tag{4-12}$$

其中，*set_s*（）是一个概念词中字符的集合运算；*len*（）同前面的含义一样是集合中元素数据的运算；*NAw* 是一个权重调节参数，由于有一些词语之间不存在共现的词，需要通过 NAw 参数进行调节。

把上述的参数加入领域中专业名词基于“三农”概念簇的相似度的计算中，可以得到：

$$NAsim(w_1,w_2)=\lambda_a \times NACsim(w_1,w_2)+(1-\lambda_a)\times NAw(w_1,w_2) \tag{4-13}$$

“三农”领域的专业名词相似度 $NAsim$（w_1，w_2）是通过两个概念词之间的相同字符的相似度 NAw（w_1，w_2）和基于“三农”概念簇相似度表 $NACsim$（w_1，w_2）计算，既包含词语组成的字符级别，同时也包含了词语的概念级别。其中，λ_a 是一个权重参数，表示 $NACsim$（w_1，w_2）对 $NAsim$（w_1，w_2）影响的重要程度。

两个问句中所有名词相似度表示为：

$$\begin{aligned} Nsim(q_1,q_2) &= \lambda \times NAsim(q_1,q_2) + (1-\lambda)NCsim(q_1,q_2) \\ &= \lambda \times \frac{1}{ma \times na}\sum_{j=1}^{ma}\sum_{i=1}^{na}NAsim(w_{1i},w_{2j}) + (1-\lambda)\times \\ &\quad \frac{1}{mc \times nc}\sum_{j=1}^{mc}\sum_{i=1}^{nc}NCsim(w_{1i},w_{2j}) \end{aligned} \tag{4-14}$$

其中 $NAsim$（q_1，q_2）是“三农”领域专业名词间的相似度，$NCsim$（q_1，q_2）是通用领域中名词之间的相似度，ma 是 q_2 中包含的所有“三农”领域名词的个数，na 为 q_1 中包含的所有“三农”领域名词的个数，mc 是 q_2 中包含的所有通用领域专业名词的个数，na 为 q_1 中包含的所有通用领域中专业名词的个数。λ 是权重系数，调节专业领域的名词和普通领域名词的权重系数。

4.3.2.5　句子语义相似度

问句中主语、谓语、宾语之间的语义相似度特征一起表征两个句子之间的语义相似程度。谓语是由动词组成，主语和宾语是由名词组成，因此，句子的语义相似度就是句子中的动词语义相似度和名词语义相似度。两个问句的语义相似度表示为：

$$Ssim(q_1,q_2)=\frac{1}{2}\times Vsim(q_1,q_2)+\frac{1}{2}\times Nsim(q_1,q_2) \tag{4-15}$$

其中 $Vsim\ (q_1,\ q_2)$、$Nsim\ (q_1,\ q_2)$ 分别是两个句子中动词相似度和名词相似度，$\frac{1}{2}$是权重系数，即名词和动词对于句子语义的重要程度是一样的。句子语义相似度值的范围是0到1。0表示两个句子语义完全不相似；数值越大表明两个句子之间的语义相似程度越大；1表示两个句子主要语义是完全相同的。

4.3.3　基于LSA的问句与答案相似度

由于问题答案对的答案部分不仅仅包含FAQ数据集中对应的问题一方面的主题信息，还包括了其他许多相关方面的信息，因此，答案部分也可以作为其他问句的答案。仅仅通过上述的问句匹配方案，无法回答此类相关的问题。如何把问句的主题和答案的主题有效地结合起来是完善FAQ问答系统亟待解决的问题。潜在语义索引是Landauer T.K.等[①]提出的一种基于语义空间组织文档信息的索引方式，该方法利用统计方法发掘隐藏在文本中字词之间的语义关系，从而消除各个词之间的相关性，降低文本向量。本书通过潜在语义索引构建问句-答案集的语义向量空间，并且把提问的问句也映射到该语义向量空间上，最后通过问句向量和问句-答案对向量计算两者之间的语义相似度。

4.3.3.1　词项-文档权重形成

词项在问句-答案对中不同的位置出现对于其主题的影响是不同的，问句是依据答案部分的信息而抽取的某一方面的主题，因此其重

---

① Landauer T.K., Foltz P.W., Laham D.. Introduction to Latent Semantic Analysis [J]. Discourse Processes, 1998, 25: 259-284.

要性相对较高，答案部分的重要性相对较低。词项 t_i 在问句-答案对 d_j 中的权重表示为：

$$w_{i,j}=\begin{cases}1 & \text{词项同时出现在问句和答案中}\\ \alpha & \text{词项仅仅出现在问句中}\\ tf & \text{词项仅仅出现在答案中}\end{cases} \tag{4-16}$$

其中 α 是设置的常数，其中 $tf=\frac{n_{i,j}}{n}$（$n_{i,j}$ 是词项 t_i 在问句-答案对 d_j 的答案部分出现的次数，n 是 d_j 的答案部分中出现的所有词项的次数）是词项在答案部分的词频。$w\in[0, 1]$，如果词项在问句和答案中同时出项，表明其能够表达主题思想，则就把其权重设置为 1；如果词项只出现在问句中，表明答案中有与问句相关的主题思想，则将该词项的权重设置为 α；如果词项值出现在答案部分，出现的次数越多越能表现答案的主题思想，那么其权重值设为 tf。

4.3.3.2 潜在语义分析理论

潜在语义分析的实质是代数方法中的矩阵奇异值分解（SVD）理论对矩阵分解，以下详细阐述潜在语义分析实现的过程。

首先，利用问题答案对集的词项-文档权重建立词-文档矩阵 $A_{m,n}$，

$$\begin{array}{c} \\ t1 \\ t2 \\ \vdots \\ tm \end{array}\begin{array}{c} \begin{array}{cccc} d1 & d2 & \cdots & dn \end{array} \\ \begin{bmatrix} w_{1,1} & w_{1,2} & \cdots & w_{1,n} \\ w_{2,1} & w_{2,2} & \cdots & w_{2,n} \\ \vdots & \vdots & \ddots & \vdots \\ w_{m,1} & w_{m,2} & \cdots & w_{m,n} \end{bmatrix} \end{array}$$

其中 $d1$，$d2$，…，dn 表示文档集中的各个文档，$t1$，$t2$，…，tm 是文档集中所有的文档中的词项，$w_{i,j}$ 是词项 ti 在文档 dj 中的权重。

其次，利用 SVD 分解对词-文档矩阵 A 进行分解，

$$A = U\Lambda V^T \tag{4-17}$$

其中 U 是 $m\times r$ 的词项矩阵，V^T是 $r\times n$ 文档矩阵，Λ 是一个 $r\times r$ 对角矩阵。

$$\Lambda = \begin{bmatrix} \delta_1 & \cdots & 0 \\ \vdots & \ddots & \vdots \\ 0 & \cdots & \delta_r \end{bmatrix}$$

最后，通过下式计算 $A_{m,n}$的潜在语义矩阵。

$$A_k = U_k \Lambda_k V_k^T \tag{4-18}$$

以上是利用 LSA 理论构建的一个潜在的语义空间 A_k，有效地降低了数据的维度，其中元素项不仅表示文档的词项频度，而且是包含每个特征项的语义关系的一个权值，根据 A_k能够计算两个文档之间的主题相似度。

4.3.3.3　问句和答案主题相似度

当用户提出新的问句时，首先把其转换成向量形式，然后通过 LSA 把问句 q 映射到潜在语义空间上。

$$q_k = q^T U_k \Lambda_k$$

映射到潜在语义空间上的问句向量 q_k不但包含词语的权重，还包含了潜在的语义关系。因此，计算问句和问句答案对之间的相似度就转化为计算问句向量 q_k和问句答案 d 在潜在语义空间下的相似度，该相似度采用两个向量之间的余弦值进行计算。

$$Lsim(q_k, d) = \frac{q_k \cdot d}{|q_k||d|} \tag{4-19}$$

$Lsim$（q_k，d）的值越大，则问句向量 q_k和问句答案 d 的相似程度越高，表明 d 包含问句的主题的可能性越大。

4.3.4 “三农”FAQ 的综合相似度

在计算提问问句和 FAQ 集的问题答案对之间的语义相似度中，通过计算问句和问句答案对中问句的语句表层相似度和语义相似度，并将把问句和问句答案对之间的潜在语义相似度结合起来进行度量。如果提问问句和问题答案对中的问句的表层相似度非常高，就直接将其答案部分返回；当提问问句和问题答案对中的问句的表层相似度比较低时，则进一步利用语义相似度和利用 LSA 的主题相似度来进行比较。

$$\text{FAQ}sim(q,q_i-a_i)=\begin{cases}Bsim(q,q_i) & Bsim(q,q_i)\geqslant\eta\\ \alpha\times Bsim(q,q_i)+\beta\times Ssim(q,q_i)+\gamma\times Lsim(q,q_i-a_i) & Bsim(q,q_i)<\eta\end{cases}\tag{4-20}$$

其中 η 是句子词的表层相似度的一个阈值，如果 $Bsim(q, q_i)$ 大于阈值 η，就表明用户问句 q 与问题答案对 q_i-a_i 中的问句词的表层有较高的相似性，则直接返回给用户作为答案；如果小于阈值 η，则两个问句的语义相似度和用户提问与 q_i-a_i 中的答案 a_i 的潜在语义相似度被计算，来判断答案能否满足用户问句。由于不同方面的相似度对于满足问句的答案要求所起的作用不同，所以设置了 α、β、γ 三个权重是设置的常数，且满足 $\alpha+\beta+\gamma=1$。$FAQsim(q, q_i-a_i)$ 是一个大于 0，小于 1 的值。$FAQsim(q, q_i-a_i)$ 表征用户问句和问题答案对之间的相似程度。本书设置一个阈值，$FAQsim(q, q_i-a_i)$ 大于该阈值，“三农”FAQ 系统就将问句答案对作为答案返回给用户。

4.4 实验结果及分析

本部分主要设计了“三农”FAQ 问答系统，其中包括问题答案对的录入和处理，以及问句相似度匹配。通过实际的数据和多组实验对本书提出的 FAQ 相似度进行测试，并且通过调节相似度计算参数，验证参数设置对 FAQ 混合相似度的影响。

4.4.1　实验设计

为了验证提出的基于混合策略的问句和问题答案对相似度匹配算法的有效性，本书设计了一个“三农”FAQ 系统（如图 4-3），本系统主要包括问题答案对的搜集、文本分析以及 FAQ 相似度的计算三部分，实现的过程如下。

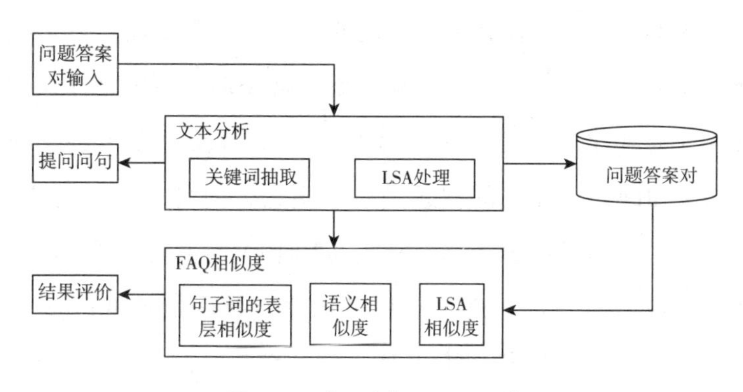

图 4-3　“三农”FAQ 系统

首先，利用问题答案对输入系统的搜集大量关于“三农”问题答案对，组成 FAQ 文档集，为 LSA 分析奠定基础。

其次，对文档集中问题答案对进行 LSA 分析，形成潜在语义空间，并对其进行存储，便于检索时进行查询。

最后，利用用户提问问句，先对其进行文本分析以后，再分别采用不同的检索策略在问题答案对集合中进行检索，并对结果进行评价分析。其中的 FAQ 相似度是“三农”FAQ 系统的主要部分，包括了句子词的表层相似度、语义相似度和问句答案之间的潜在语义相似度。

本书在以下实验中的问题答案对来自国家玉米产业技术体系的

《实用技术名称：玉米100问》，其中包括100个关于玉米的宏观政策和经济，品种和种子，耕作、管理与施肥、防治病虫害等方面的常见问题。实验中利用问题答案对输入系统和文本分析将其录入问题答案对的数据库中。

4.4.2 实验结果分析

（1）实验1 句子词的表层相似度权重设置

问句1（$q1$）：“我国玉米主产区有什么特点？”

问句2（$q2$）：“生产玉米的粮食主产区的特点是什么？”

问句3（$q3$）：“为什么玉米市场收购价格经常变动？”

问句4（$q4$）：“玉米市场收购价格经常变动的原因是什么？”

表4-1是4个句子之间的覆盖度、长度以及词序相似度的结果，其中问句1和问句2提问的问题是一个主题，问句3和问句4提问的问题是一个主题。通过表4-1，$q1$与$q2$同$q1$与其他两个句子的三个相似度区别最大的是覆盖度，然后是词序，最后是长度；$q3$与$q4$同$q3$与其他两个句子之间相似度也是一样的结果。因此，在句子表层相似度计算中，覆盖度的权重最大，依次为词序和长度，本书将公式4-4中的λc、λl、λo值依次设置为0.7、0.1、0.2。

表4-1 句子之间的覆盖度、长度、顺序相似度实例

问句1	问句2	覆盖度	长度	词序
$q1$	$q2$	0.444444	0.923077	0.830565
$q1$	$q3$	0.083333	0.923077	0
$q1$	$q3$	0.153846	0.8	1
$q2$	$q3$	0.076923	1	0
$q2$	$q4$	0.230769	0.875	1
$q3$	$q4$	0.6	0.875	1

（2）实验 2　语义相似度计算

表 4-2 对本书基于 HowNet 2007 相似度和刘群、李素建和李峰的方法的计算结果（数据来自李峰等人的《中文词语语义相似度计算——基于〈知网〉2000》）进行了比较。表中的第 1 行和第 2 行说明在主义原相同情况下，不同的方法得出的结果，“父亲”和“男人”语义相似度很高，但不是完全等价的概念。因此，语义相似度需要有所区别，这一点其他算法中没有得到体现，本书的方法能够显示出明显优势，此类情况在第 11 行也是能够看到；第 3 行到第 10 行是主义原不同的情况下，不同的方法得出的结果，其中第 6 行“男人”和“高兴”这两个词，两者属于不同词性，因此利用本书的方法获得的值为 0；“男人”和“鲤鱼”语义相似度程度要高于“收音机”和“工作”的相似程度，本书的方法得出的相似度的差别要高于其他方法的值；最后两行是关于动词相似度方面的结果。通过表 4-2 表明，本书的方法总体上能够反映出词语概念之间的语义相似度。

表 4-2　HowNet 语义相似度结果

词语 1	词语 2	刘群	李素建	李峰	式 4-8
男人	女人	0.833	0.668	0.94	0.857
男人	父亲	1	1	1	0.857
男人	收音机	0.164	0.008	0.045	0.375
男人	鲤鱼	0.208	0.009	0.374	0.625
男人	工作	0.164	0.035	0.013	0.286
男人	高兴	0.013	0.024	0.141	0
珍珠	宝石	0.13	—	0.859	0.857
中国	联合国	0.136	—	0.123	0.25
中国	美国	0.94	—	0.615	0.875
香蕉	苹果	1	1	1	0.857
发明	创造	0.615	—	0.891	0.778
跑	跳	0.444	—	0.606	0.8

表 4-3 是基于不同语义相似度方法计算“三农”领域名词相似度的结果，其中第 3 列是基于本书的 HowNet 方法的结果，其中大部分词语属于专业概念，没有出现在 HowNet 词典中，所以没有结果；第 4、5、6 列是利用本书的公式 4-11、4-12、4-13 计算的结果，其中第 6 列中参数 λa 的设置是 0.8。表中的第 4 行的“大白菜”和“结球白菜”相似度为 1 是由于这两个词是同一个概念的不同表述。

表 4-3 “三农”领域名词相似度结果

词语 1	词语 2	HowNet	式 4-12	式 4-11	式 4-13
玉米	水稻	0.857	0.25	0.632	0.5556
玉米	硬粒玉米	—	0.75	0.742	0.7436
玉米	半马齿型玉米	—	0.5	0.674	0.6392
大白菜	结球白菜	—	0.6	1	1
富士苹果	秦冠苹果	—	0.67	0.657	0.6596
石榴	醋栗	0.857	0.25	0.791	0.6828
鸡冠花	虞美人	0.857	0.25	0.795	0.686
银杉	红松	—	0.25	0.841	0.7228
野兔	家兔	0.75	0.67	0.832	0.7996

表 4-3 的结果表明本书的“三农”领域名词相似度计算方法优于其他的方法。由于 HowNet 是一个开放域的词典，其中较少地包含“三农”领域的概念知识，因此基于 HowNet 的方法，会有较多的概念不能比较。表 4-3 的第 5 列仅仅利用“三农”词条形成的向量来计算“三农”概念领域的相似度也会导致一些下属概念间的相似度比较低，通过加入的字共现可以有效地提高两个概念之间的相似度。

（3）实验 3　基于 TFIDF、句子表层、语义、混合策略相似度结果比较

实验中，FAQ 库的测试集为《实用技术名称：玉米 100 问》形成

的 100 对问题答案对集，收集了关于问题答案对集合主题的 50 个问句，分别采用句子表层、语义、混合策略三种相似度方法进行实验，以下内容主要是对本实验结果进行描述和分析。

表 4-4　不同方式 FAQ 检索结果

匹配方法	问句数	正确	错误	未结果
TFIDF	50	24	15	11
句子表层相似度	50	18	3	29
语义相似度	50	31	11	8
混合策略	50	39	9	2

表 4-4 是采用不同的检索策略对问题答案对进行测试实现的结果，表中的正确的问句数和未找到答案的问句数的数目表明语义方法的检索效果明显优于其他方法；错误答案的问句数表明句子表层相似度的效果最好，TFIDF 的方式最差；本书的混合策略从问句之间的语义和问句答案对中的答案两方面计算语义，同时结合句子的表层结构相似度，因此，实现的效果也优于其他方式。

图 4-4 是不同策略检索实验结果的准确率、召回率和 F 值的效果图，图中能够反映出采用不同方式获取的结果，表明本书的混合策略方式有较好的效果。

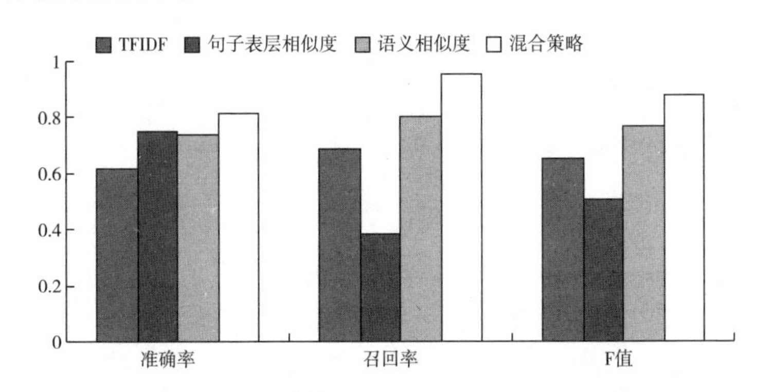

图 4-4　不同方式 FAQ 检索的准确率、召回率和 F 值

以上的三个实验分别验证了本书的句子词的表层相似度、基于HowNet语义相似度、基于领域知识的“三农”概念相似度和基于混合策略的匹配FAQ检索方法的有效性。

4.5 本章小结

本章针对“三农”FAQ系统的问句答案匹配问题，提出了基于混合策略的匹配方法。首先，介绍了“三农”FAQ系统的必要性；其次，阐述了基于句子词的表层相似度和基于句法的句子语义相似度，以及基于LSA用户问句和答案部分之间的相似度的计算方法，并把这几个相似度混合来计算问句和问句答案对的相似度；最后，利用实验对以上的方法进行比较得出，基于混合策略的方法和其他的方法相比具有较好效果。

第 5 章　“三农”问句分类研究

5.1　引言

Moldovan 等人[①]分析了问答系统中不同模块对于整个系统的影响，研究结果表明问句分析模块引起的错误占所有错误的 36.4%，并且问句分类是问句分析的重要组成部分。问句分类的实质是依据预先设定的一个分类体系，然后将用户提问问句映射到分类体系相对应的项中，为下一步的答案抽取做指导。因此，研究“三农”问句分类对于整个“三农”自动问答系统有重要意义。

目前，学者的大部分研究集中于开放域中的事实性问题的分类（如人物、地方、实体等），每年 TREC 会议的 QA TRACK 评测主要针对事实性的问题。然而，农民在实际的生产和生活中，关心的问题不仅包括事实性问题，还包括大量的解决实际问题的方法、引起问题的原因和概念的解释等方面的问题。

“三农”问句分类的研究，首先需要设定一个分类标准，也即定义一个“三农”问句的分类体系，其次再设计分类算法确定问句属于

---

① Moldovan D., Pasca M., Harabagiu S., et al.. Performance issues and error analysis in an open-domain question answering system [C]. The 40th Annual Meeting on Association for Computational Linguistics, 2001: 33-40.

哪种问题类型。本章主要搜集网络上农民提问的“三农”问句，结合“三农”相关知识，研究“三农”问句分类的体系、分类算法设计。本章第2节是开放域问句分类的相关研究，详细介绍了国内外对问答系统中问句分类的研究；第3节介绍本书设计的“三农”问句分类体系；第4节针对问句包含的信息量比较小，向量维度比较高，容易形成数据稀疏的问题，研究利用“三农”概念簇知识，以及通用的语言学知识作为问句特征，来组成向量特征；第5节研究如何利用第4节的特征值形成的模板规则来确定问句的粗类别；第6节研究利用第4节的特征和SVM分类算法对“三农”方式性问句进行精细类别的算法；第7节是通过网络上真实的“三农”问句，对这些问句进行标注、分析统计，并通过实验验证上述两算法在“三农”问句分类体系中的实现效果；最后一节对本章的研究内容进行总结，并指出了进一步优化分类的方向。

5.2 问句分类相关研究

问句分类可以看作特殊的文本分类，然而实际上，从分类目的和长度两方面分析，问句分类和文档分类之间的区别：由于问句长度比较短，分类是为了缩小查询范围，不能简单地把文本分类的方法直接套用到问题分类中①。目前，问句分类主要包括两个方法。

（1）基于规则的方法，该方法就是专家抽取各种与类型相关的词，以及它们之间的组合规则，然后编写成分类规则，最后利用这些规则来确定问句所属的类别。从语法上说，问句一般包括“疑问代词、词序和与问题类型相关的描述性的词语”，不同类型的问句的语

---

① 张亮：《面向开放域的中文问答系统问句处理相关技术研究》，博士学位论文，南京理工大学，2006。

法规则上存在着明显的不同[①]。专家通过对大量问句的结构统计分析，归纳出不同问句类型的语法规则，问句分类则就以这些规则作为分类的依据，比如，英文问句中出现“when”和中文问句中出现“什么时候”这样的词语，一般就可以被认定为“时间”类问句。这种方法的优点是简单可行，缺点是需要对大量问句进行分析，从而获得比较丰富的问句的语法规则，这需要耗费大量的人力资源。

分类规则的编制也有不同的研究。Kwok C. C. T.[②] 通过疑问代词来确定问题的类型，而 Yllias Chali[③] 则在分析 TREC 问句库时，发现不同问句类型都有一些线索词，然后利用这些线索词形成规则，并利用机器学习的方法训练分类系统，最后用这个训练的分类系统来指导问句分类。

（2）基于机器学习的方法，该方法首先在标注过的问句语料中抽取问句的特征，然后利用机器学习的方法对特征进行训练，从而形成包含不同类别问句分类模型，最后利用该模型识别问句的类别。目前，学者大量的研究是基于这种方法来研究问句分类。

表 5-1 问句分类主要特征集及分类方法

研究者	特征集（特征向量）	分类方法
Dell Zhang	词语、词性	SVM
张宇	词语	贝叶斯
Donald Metzler	词语、N-Gram 特征	SVM
余正涛	词语、语块、词义、同义词、类别相关词、命名实体	SVM

① 黎新：《面向问答系统的段落检索技术研究》，博士学位论文，中国科学技术大学，2010。

② Kwok C. C. T., Etzioni O., Weld D. S.. Scaling question answering to the web [C]. Proceedings of the 10th international conference on World Wide Web, 2001: 150-161.

③ Yllias C.. Question answering using question classification and document tagging [J]. Applied Artificial Intelligence. 2009, 23 (2): 500-521.

续表

研究者	特征集（特征向量）	分类方法
Li Peng	词语、词性	粗糙集
Babak Loni	词语、语义	

资料来源：Zhang D. L.，Lee W.. Question classification using support vector machines [J]. Proceedings of the 26th annual international ACM SIGR Conference on Research and Development inInformation Retrieval. 2003. 26-32.

张宇、刘挺、文勖：《基于改进贝叶斯模型的问题分类》，《中文信息学报》2005 年第 2 期，第 100~105 页。

Metzler D.，Bruce W.. Analysis of Statistical Question Classification for Fact-Based Questions [J]. Information Retrieval，2005，3：481-504.

余正涛、樊孝忠、郭剑毅：《基于支持向量机的汉语问句分类》，《华南理工大学学报》（自然科学版）2005 年第 9 期，第 25~29、34 页。

Li P.，Zhang K.. Question Classification based on Rough Set Attributes and Value Reduction [J]. Information Technology Journal，2011，10（5）：1061-1065.

Babak L.，Gijsvan T.，Pascal W.，et al.. Question classification by weighted combination of lexical，syntactic and semantic features [C]. 14th International Conference of Text，Speech and Dialogue，2011：243-250.

基于机器学习的分类方法，包括贝叶斯分类、SVM、粗糙集分类以及 KNN 分类等，表 5-1 中列举了国内外学者在实践中所采用的方法，以及分类时应用的特征集，研究包括了汉语、英语等不同种类语言。表 5-1 表明特征的选择主要包括词语、N-Gram、词义、同义词、语义块等方面的特征，其中关于语义的特征主要利用现有的语言学知识库，如英文中常用的 WordNet 语义词典和中文的 HowNet 语义词典等，还有一些学者利用依赖关系、依存关系语法、句法分析等抽取问句分类的特征词。张志昌[①]等人采用以疑问词和焦点词作为关键线索的方法，减少了问句分类中数据稀疏的问题。

目前的研究主要以词语作为特征项，词语作为特征词形成向量的特征维度比较高，但问句中包含的词语比较少，从而形成向量中的大

① 张志昌、张宇、刘挺等：《基于线索词识别和训练集扩展的中文问题分类》，《高技术通讯》2009 年第 12 期，第 111~118 页。

多数项为 0 的稀疏矩阵。为了有效解决上述技术问题，本书利用疑问词、“三农”概念簇和 HowNet 语义特性作为特征项，可以有效地降低特征向量的维度。

已经有学者开始研究关于“三农”问句的研究，贾君枝等人[①]研究并设计了面向农民的问答系统，其中考虑了问句的前期预处理，以及“三农”领域内的同义词等方面问题。

5.3 “三农”问句的分类体系

由于问句的类别用于指导答案抽取，且不同研究者研究的目的和答案抽取方式不尽相同，因此，开放域中构建的问句分类体系是多种多样的。现有的分类体系包含树型结构和平行结构两类。如 Xin Li 等人[②]的两层分类体系和哈尔滨工业大学[③]设计的包含 6 个大类和 65 个子类的问句分类体系，这两个分类体系分别在英文和中文的问句分类体系中得到广泛应用。本书依据“三农”自动问答系统的答案抽取方式和“三农”知识，构建一个有利于答案抽取的面向“三农”领域的双层问句分类体系。

以下是用户在网络上提问的“三农”问句的实例，这些实例能够说明用户关心的“三农”问句主题。

问句 1 “龟类网箱连体养殖技术是怎么样的?”

问句 2 “什么是脱水蔬菜?”

问句 3 “石斑鱼种苗养殖中，彩虹病毒引起的疾病应该怎么防治?”

---

① 贾君枝、王允芳、李婷：《面向农民的问答系统问句处理研究》，《现代图书情报技术》2010 年第 5 期，第 43~49 页。

② Li X. , Dan R. . Learning question classifiers. Proceedings of the 19th international conference on computational linguistics [J]. Association for Computational Linguistics, 2002: 1-7.

③ 哈尔滨工业大学信息检索研究室 [EB/OL]. http://ir. hit. edu. cn. 2012. 1. 15。

问句 4 “怎样进行旱黄瓜嫁接育苗技术?”

问句 5 “蛋鸡为什么会产无黄蛋?”

问句 6 “丝瓜叶子上出现黄褐色病斑是怎么回事?”

问句 7 “黄瓜种子消毒方法是什么?”

问句 8 “银杏叶提取物有哪些药用价值?”

问句实例明显地表明问句 1 和问句 2 是关于农业实用技术概念方面的问句；问句 3 和问句 4 是关于农业实际生产问题的解决方式问句；问句 5 和问句 6 是查询引起问题原因的问句；问句 7 和问句 8 是关于“三农”的事实性问句。上述的问句实例说明用户不仅希望获得事实性问句的答案，而且还希望获得解决某个问题的方式或者原因的答案，以及获得知识概念的定义。

通过以上的分析，目前开放域的问句分类体系不能完全地移植到“三农”问句分类体系中。“三农”分类体系既要关注“三农”事实性问句，还应该关注农民的生产、生活问题。本书根据“三农”问句的主题，设计出满足需求的分类体系和分类方法。

网络上农民提问的“三农”问句主题，表明“三农”领域的问句不仅包含开放域中研究的事实性的问句，还包含大量描述性问句，因此，“三农”问句分类体系把描述性问句作为一个重要的类别分析研究。面向“三农”的问句分类体系采用两层的树型结构体系，大类主要参考哈尔滨工业大学中文分类体系，小类参考“三农”知识的体系结构将方式性问句分成更细的类别，以便于指导答案抽取（“三农”问句分类的体系结构如表 5-2 所示）。

《中国农业知识仓》[1] 同方知网建立关于农业知识的数据库，并且形成比较完整的农业知识分类体系，该分类体系包括多层的分类结构，

---

① 中国农业知识仓［EB/OL］. http://epub.cnki.net/grid2008/index/ZKCAKD.htm. 2012.1.15。

第一层是关于农业的大类别（粮食作物、经济作物、畜类饲养、禽类饲养等），第二层是具体概念（小麦、水稻、猪、鸭等），第三层是关于实际处理工作。“三农”方式性问句的精细分类依据《中国农业知识仓》的农业知识分类体系进行构建，将第一层大类别合并为植物和动物两类，第三层进行整合形成“三农”问句分类的小类别。“三农”方式性问句精细分类的思想如下。

（1）粮食作物、经济作物、蔬菜种植、食用菌、果树、花卉、林业等都是植物，分类体系把它们组合到一起构成植物类，它们的研究内容主要包括栽培（含育种）、病虫害处理和施肥管理等。因此，就把关于植物的栽培、病虫害处理和施肥管理等作为对植物类别的精细类别。

（2）畜牧类、禽类、经济动物、水产渔业等是关于动物的，分类体系将其整合为动物类，其研究内容主要包括饲养（含繁殖）、疾病处理。因此，形成方式问句的饲养（含繁殖）、疾病处理等方式类别的精细类别。

（3）食品加工形成加工的问句类。

（4）关于贮藏和农机处理的类别。

（5）还有一些是关于农民的日常生活中遇到的问题，则归为其他方式类别。

表 5-2 是本书构建的“三农”问句分类体系，其中“三农”实体对象问题问句类别和方式性问句还有精细分类。时间类型的问句主要是关于影响农业生产的主要时间的；地点类型问句一般都是关于动植物的产地信息；实体对象类的问句主要是关于动植物实体、农业生产资料以及其用途和特点等方面信息；原因型的问句主要是引起动植物病虫害的原因；定义型问句主要是关于动植物实体、农业生产资料和实用技术的定义；方式类型的问句主要是关于如何解决在生产过程中遇到的实际问题的方法，其精细性问句的分类依据“三农”领域知识

对其进行了更详细的分类，包括植物的栽培、病虫害处理和施肥管理，动物的饲养、疾病处理，加工、贮藏和农机处理等类别。

表 5-2 “三农”问句类别及实例

类别	子类	实例
判断（b）		
时间（t）		大豆的最佳追肥时期是什么时候？
地点（l）		虾主要分布在什么地方？
数值（n）	数量	食用蓖麻油的黏度系数是多少？
实体对象（e）	动物（ea）、植物（ep）、病虫害（eb）、其他（eo）	秋季给果树施什么肥好？ 葛根的药用价值是什么？
原因（w）		施肥后玉米苗为什么打蔫？
定义（d）		谁能介绍一下叶菜专用膜？ 玉米秸秆青储技术指什么？
方式（h）	栽培（hz）	夏季应怎样栽培草菇？
	病虫害处理（hb）	甜玉米大小斑病防治技术是怎样的？
	施肥管理（hf）	夏播花生怎么施肥？
	加工（hg）	皮蛋的制作过程是什么？
	贮藏（hc）	冬季要如何贮藏柚子呢？
	饲养（hs）	怎样对高产期的蛋鸡进行管理？
	疾病处理（hj）	鹅发生口疮病要怎么办？
	农机处理（hn）	手扶拖拉机不能正常熄火该怎么办？
	其他（ho）	如何排除制动系统中的空气？

5.4 “三农” 问句分类的特征选择

特征选取是分类研究中的一个重要环节。从第 2 节问句分类相关研究得到目前开放域问句分类的主要特征包括表层的词语、Ngram 和语义方面的词性、语块、同义词、词义等。这些特征向量使得形成较高维度的特征向量，由于每个问句仅包含的特征较少，致使向量中大量的项为 0 值，形成稀疏向量。本节主要研究结合“三农”知识、现有的通用语言知识库以及问句中的疑问词作为特征，形成一个包含问句的表层特征和深层次语义特征的向量空间。以下是关于形成的“三农”问句向量空间中的特征，包括疑问词、“三农”概念簇和 HowNet 义原。

（1）疑问词

疑问词是疑问句的一个重要标识，虽然在文本分类中，其一般不作为特征，但在问句分类中，疑问词是问句分类中一个重要的特征项。

张建强[①]对现代语料库中的问句进行调查，整理出其中的特指问句中的疑问代词主要包括“什么”“何”“啥”“为什么”“为何”“为啥”“怎么”“咋”“怎样”“怎么样”“咋样”“谁”“如何”“哪（儿）”“哪里”“多少”“几”等。表 5-3 依据其疑问词的疑问对象等对其上述的疑问词进行分类，形成九个类型，从而降低了疑问词的特征数目，降低了特征向量空间的维度。

表 5-3 疑问词分类

疑问词类别	实例词
What	什么、何、啥
What list	哪些
Who	谁
Why	为什么、为何、为啥
When	时间
Where	哪儿、哪里
How	怎么、咋、怎样、咋样、如何
How many	多少、几
What is	什么是、何谓

① 张建强：《基于语料库的现代汉语疑问句使用情况调查》，《第五届全国语言文字应用学术研讨会》，第 446~460 页。

（2）“三农”概念簇

“三农”问句一般包含领域词，然而《农业大词典》中的词语有近三万条，要是将词语作为特征值，会导致特征维度过高，因此，本书对“三农”领域的词语利用“三农”概念簇作为特征。

利用“三农”概念簇作为特征项和以词语作为特征项相比较有两个优势：第一，概念簇的数量远远少于词语的数量，从而有效地降低了特征维度。第二，“三农”词语是一个事物标识，概念簇是一组具有相同主题的词语聚集到一起形成的，代表一组事物，这样又是对词语级别的一个扩展，从一个事物扩大到一组事物。因而，概念簇特征是对训练集中问句的一个有效扩展。

把“三农”领域词转换成“三农”概念簇实际上就是通过本书设计的“三农”词表对其进行映射。其实现过程为：首先，查看“三农”词表是否包含该词，如果包含，则该词就是“三农”领域词；其次，抽取“三农”概念簇；反之，如果不包含，则该词不是领域词，用 HowNet 义原处理。

（3）HowNet 义原

义原是 HowNet 对于概念进行刻画和描述的，不易再分的最小意义单位，代表着事物的本质。每个词语都包含一个主义原，表示词语的本质概念。事件 Event 和实体 Entity 是主要的义原类，动词和名词的主义原都包含在其中，因此，将 HowNet 中的事件和实体义原类作为特征项。HowNet 义原作为特征项和“三农”概念簇作为特征项一样，具有特征维度低和词语扩展性高的优势。HowNet 义原特征形成的实现过程，实质就是从 HowNet 中抽取词语主义原的过程。

5.5　基于规则模板的“三农”问句粗分类

基于规则的问句分类是目前经常被研究的一种问句分类算法，其最重要的工作是构造不同类别的模板，例如通过疑问词“为什么”可以容易地把“施肥后玉米苗为什么打蔫?”归为原因类。本节研究基于规则模板的“三农”问句分类算法，以及利用疑问词及其周围词语的词性、HowNet 义原和“三农”概念簇规则生成“三农”问句粗分类模板的算法。

5.5.1 基于规则问句分类算法

基于规则的问句分类算法实质是利用规则模板格式化用户提问的问句，并匹配问句类别规则库中的规则，如果能匹配成功，则返回问句类别。本书基于规则的“三农”问句粗分类算法实现的流程如图 5-1所示。

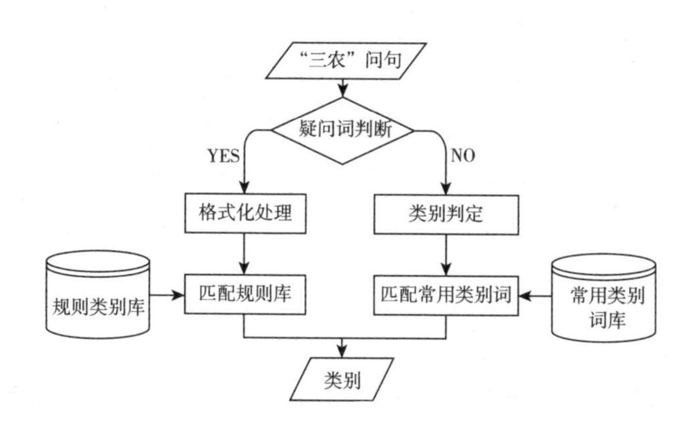

图 5-1 基于规则问句分类流程

步骤 1，通过中科院的分词软件对问句分词，然后利用词性，抽取其中的疑问词。如果包含疑问词，并抽取其前、后两个词语按照模板形成格式化的疑问句（生成的方式在问句规则模板的抽取中详细阐述)，然后跳到步骤 2，否则跳到步骤 3。

步骤 2，格式化的疑问句同“三农”问句规则类别库中进行匹配，如果能够匹配成功，则返回“三农”问句的粗类别，否则，查找不到类别。下一节详细阐述问句类别规则库中的规则形成方法。

步骤 3，判断问句是不是一个判断疑问句。如果是判断句，则返回判断疑问句，否则继续执行。

判断疑问句中包含判断问句的特殊标识词，因此，通过判断疑问句中是否有这些标识性词语来确定其是否为判断疑问句。由于判断疑问句不是本书研究的重点，因此，本书仅采用比较简单的判断依据进行判断。判断疑问句判断采用如下方法：（1）句子末尾是否包含“吗”“呢”等疑问语气助词；（2）句子中间是否包含“是不是”“好不好”等选择性的短语。如果包含这些词语，就是判断疑问句。

步骤 4，判断句子中的词语是否包含某种类别中经常包含的词语，如果包含就将其归为该类别，否则将其划为定义类型。

在用户提问的问题中，有些问题不以问句的形式提出，即问句中没有包含疑问词，但是句子的实质是用户是咨询关于问题的答案。例如，“肉鸽养殖技术?”是查找肉鸽的养殖方法。在不包含疑问词句子中，通常存在特定的词语能够表明用户问题的需求，从而确定问句的类别，也即可以把其划分到“三农”问句分类体系中。本书把某一类别的答案集中常用的词形成常用类别词库，常用词库包含常用词语和问句类别。

常用类别词库的实现过程同本书第 3 章中的特征抽取的过程相似，首先是对不同类别的句子进行分词；其次，抽取常用的词语，并把其按照词语出现频率排列，通过人工选择和类别主题相关的词语，并将其输入数据库中，如果一个词语在多个类别中都被选中，则表示该词并非对应单一的问题类别，那么就将该词从常用类别词库中删除。

5.5.2 问句规则模板的抽取算法

Huang 等人[①]利用问句的中心词和 WordNet 上位词进行问句分类，并取得较好的分类效果；Santosh 等人[②]结合 WordNet 和 Wikipedia 分析中心词，研究问句分类。通过对“三农”问句的分析，有一部分问句仅利用疑问词就能够判断类别，其他的结合问句中的中心词就能够判断类别。一般情况下，问句的中心词距离疑问词的距离比较近。本书假设“三农”问句的中心词距离疑问词的距离不超过 2 个词语。基于以上的假设，本书的规则模板特征抽取就以疑问词为中心，和其前、后两个词的 HowNet 义原作为模板项，并将此作为问句类别判断依据。由于问句的粗类别没有涉及“三农”领域，所以，在模板抽取时，仅抽取词语的义原特征，而没有抽取问句词语的“三农”概念簇的特征，如果词语为“三农”领域词，则本书将其义原统一记为 ny。问句规则模板定义为：

〈p_2 义原〉〈p_1 义原〉〈nr 类别〉〈f_1 义原〉〈f_2 义原〉

通过对标注的问句集进行分析，抽取问句中的特征模板，以下是“三农”问句规则模板生成算法。

首先，对问句集中的问句进行分词处理，并且对于问句所属的大类进行标注，同时按照模板格式对问句进行格式化处理。

例：冬季猪常见呼吸道传染病怎么防治？

呼吸道传染病怎么防治

〈*part* | 部件〉〈*disease* | 疾病〉〈怎么〉〈*obstruct* | 阻止〉〈*NULL*〉

其次，统计疑问词类别在不同的大类中的分布，如果某个疑问词

---

① Huang Z., Thint M., Kin Z.. Question classification using head words and their hypernyms [C]. The conference on Empirical Methods in Natural Language Processing, 2008: 927-936.

② Ray S. K., Singh S., Joshi B. P.. A semantic approach for question classification using WordNet and Wikipedia [J]. Pattern Recognition Letters, 2010, 13: 1935-1943.

仅在一个类别中出现，那么该类疑问词就能直接判断问句类别。这样就直接形成问句分类的模板，即 ALL，ALL，〈nr 类别〉，ALL，ALL→类别，将模板存储到模板库中，ALL 表示所有的词语，该位置的词语不影响问题的分类，以下的 ALL 的意义相同。否则，继续执行。

再次，利用疑问词的前、后一个词的义原形成模板。

检查同一疑问词的后一个词语的义原，如果义原相同，且句子属于同一个类别，那么就把疑问词和后一词的义原一起构成一个特征模板，即 ALL，ALL，〈nr 类别〉，〈f_1 义原〉，ALL→类别，将模板存储到模板库中；如果不能满足，利用同样的方法判断前一个词语的义原，如果同一义原的属于同一类别，就把其作为一个模板特征，即 ALL，〈p_1 义原〉，〈nr 类别〉，ALL，ALL→类别；否则，同时对前、后两个词语的义原处理，形成模板，否则，进行步骤 4 的处理。

最后，利用疑问词的前、后两个词语的义原作为特征形成模板。

模板形成的过程和步骤 3 大致相同。首先，是利用疑问词前后第二个词语的义原判断，如果后面第二个词满足条件，就形成模板〈p_2 义原〉,ALL，〈nr 类别〉ALL，ALL→类别；其次，再利用疑问词后面第二个词语的义原形成模板；最后，再结合疑问词的前、后一个词形成模板〈p_2 义原〉，〈p_1 义原〉，〈nr 类别〉〈f_1 义原〉，〈f_2 义原〉→类别，并将这些模板放入模板库中。

5.6 基于 SVM“三农” 问句精细分类研究

本节研究对“三农”方式性问句进行进一步精细分类的方法，下文详细阐述 SVM 分类器的基本思想和基于信息熵的“三农”方式性问句特征向量的形成方法。

5.6.1 SVM分类器

SVM[①]是一种监督式的机器学习方法，其基本思想如下。

（1）它是通过某种非线性映射将低维向量映射到一个高维的特征空间中，并在这个高维空间中构造一个最优的分隔超平面。并且这个超平面使得两个类别之间的空隙最大，也即分隔超平面使得两个相互平行的超平面距离最大。

（2）它将问题最终转换为解决一个凸二次规划问题，从而获得全局最优解，解决了在神经网络方法分类中无法避免的局部极值问题。

（3）它是专门针对小样本情况的机器学习方法，实现结构风险最小化。

图5-2所示的二维两类线性可分情况，其中的圆和叉号表示两类的训练样本。实现过程：设线性可分样本集为（x_i，y_i），$i=1$，…，n，$x \in R^d$，$y \in \{-1, +1\}$是类标识符，其线性判别函数记为$g(x)=w \cdot x+b$，分类超平面表示为

$$w \cdot x+b=0 \tag{5-1}$$

其中x是超平面上的点，w是垂直于超平面的向量，b是一个常数向量，成为便宜向量。

根据SVM原理，就是寻找一个超平面，使得两类所有的样本都满足$|g(x)| \geqslant 1$，即距离分类超平面的样本满足$|g(x)|=1$，那么分类的间隔就为$2/\|w\|$，因此，求两类之间的间隔最大就是最$\|w\|$的最小值，要是所有的样本都能正确分类，那么就要求其满足

$$y_i(w \cdot x_i+b)-1 \geqslant 0 \tag{5-2}$$

这样就把求最优的超平面转化为一个二次规划的问题，也即在

① 边肇祺、张学工：《模式识别》（第二版），清华大学出版社，2000。

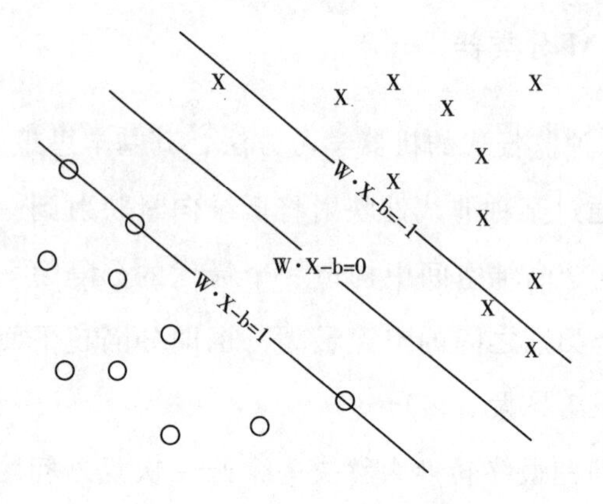

图 5-2 最优分类面示意

式 5-2 的约束条件下，求

$$\varphi(w)=\frac{1}{2}\|w\|^2=\frac{1}{2}(w\cdot w) \tag{5-3}$$

的最小值。通过计算可以得到

$$w^* = \sum_{i=1}^{n} a_i{}^* y_i x_i \tag{5-4}$$

$$b^* = \frac{1}{n}\sum_{i=1}^{n}(w^* \cdot x_i - y_i) \tag{5-5}$$

通过计算可以获得最优的分类函数为

$$f(\vec{x}) = \mathrm{sgn}\{(w^* \cdot x) + b^*\} = \mathrm{sgn}\left(\sum_{i=1}^{n} a_i{}^* y_i (x_i \cdot x) + b^*\right) \tag{5-6}$$

sgn（）是符号函数，由于非支持向量对应的 a_i 均为 0，上式中的 a_i 都是支持向量的，n 是满足支持向量的样本数。图 5-3 概括了 SVM 实现的过程。

SVM 最初是一种二值分类算法，然而，问句分类是一个多类分类问题，那么就需要构造多类分类器。构造 SVM 多类分类器的方法主要有两种：第一种是直接法，直接修改目标函数，将多个分类面参数统

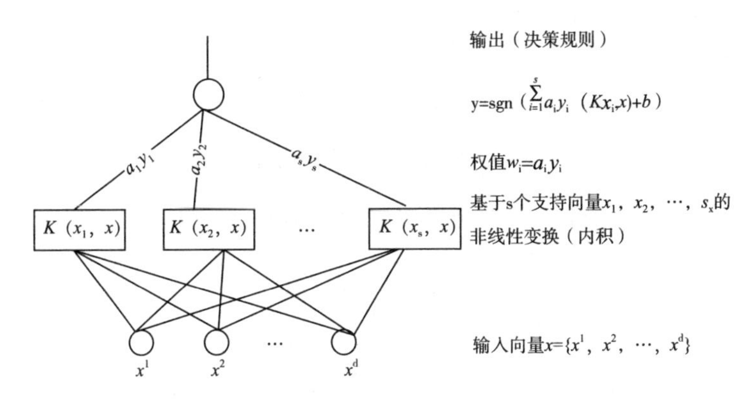

图 5-3 支持向量机示意

一到一个最优问题中；第二种是间接法，就是通过把多个两类的分类器组合到一起实现多类分类器的构造，常见的方法有一对多方法（one-against-all）和一对一方法（one-against-one）。一对多方法是训练时依次把某个类别的样本归为一类，其他剩余的样本归为另一类，这样 k 个类别的样本就构造出了 k 个 SVM。一对一方法是在任意两类样本之间设计一个 SVM，因此 k 个类别的样本就需要设计 k（$k-1$）/2 个 SVM。

5.6.2 “三农”问句特征向量

问句中的特征值，对于其分类的影响大小是有差别的，如果一类特征值大部分都出现在一个类别中说明其对于分类的重要性比较大；反之，特征对于问句的分类影响比较小。另外，在专门的领域内，领域内的词语对于问句的影响大于通用域的词。本书根据这个影响因素来设定特征向量的权重。

信息熵是度量通过计算随机事件的发生的概率来计算随机事件的不确定性的。假设 X 是一随机变量，其范围为 $\{x_1, x_2, \cdots, x_n\}$，$X$ 中任意一个量 x_i（i=1，2，…，n），$p(x_i)=P(X=x_i)$ 就为 X 的概率分布函数，则随机变量 X 的信息熵就定义为：

$$H(X) = -\sum_{i=1}^{n} p(x_i)\log p(x_i) \tag{5-7}$$

Dumais[①] 利用信息熵优化信息检索中词语的权重，将每个词语作为一个随机变量，那么将词语 i 的信息熵定义为：

$$H(i) = \frac{1}{\log N}\sum_{i=1}^{N}\left(\frac{f_{ij}}{n_i}\log\frac{f_{ij}}{n_i}\right) \tag{5-8}$$

f_{ij}是词语 i 在文档 j 中出现的次数，n_i是词语 i 在所有的文档中出现的总次数，N 为文档集中所有文档的数量。

“三农”问句的特征项对问句的分类影响是有区别的，如一个特征项集中地出现在一类问句中，那么该特征项对问句的分类贡献就较大；反之，一个特征项较均匀地分布在各个类别中，那么该特征项对问句的分类贡献就较小。信息熵能够度量随机变量的不确定性，因此，黄鹏[②]等人利用信息熵确定特征项的权重设置。本书中的问句是面向“三农”领域，“三农”领域词对问句分类的贡献大于通用域词语对其的贡献，因此，本书设计的特征项的权重值为

$$w_i = \begin{cases} 1 + \dfrac{1}{\log N}\displaystyle\sum_{i=1}^{N}\left(\frac{f_{ij}}{n_i}\log\frac{f_{ij}}{n_i}\right) & \text{如果特征项 } i \text{ 是“三农”概念簇} \\ \alpha\left[1 + \dfrac{1}{\log N}\displaystyle\sum_{i=1}^{N}\left(\frac{f_{ij}}{n_i}\log\frac{f_{ij}}{n_i}\right)\right] & \text{other} \end{cases} \tag{5-9}$$

N 是问句集合中所有问句的数量，f_{ij}是词语 i 在问句类 j 中出现的次数，n_i是词语 i 在所有的问句中出现的总次数，α 实验设定的阈值，为了区别领域特征项和通用域特征项对于问句分类贡献的不同，由于

---

① Dumais S. T.. Improving the retrieval information from external sources. Behaviour Research Methods [J]. Instruments and Computers, 1991, 2: 229-236.

② 黄鹏、卜佳俊、陈纯等：《利用加权特征模型改进问句分类》，《浙江大学学报》2009 年第 6 期，第 994~998 页。

通用域的特征的贡献小于领域特征的贡献，该值一般取值小于 1。

特征项的权重和信息熵是相反的，如果其信息熵值越大，表明该特征值分布在多个类别中，那么对于分类的贡献相对比较小，因此，其权重值就比较小；反之，如果信息熵比较小，那么表明该特征项聚集在某个类别中，那么该特征对于分类的贡献比较大，因此，其权重值也较大。当“三农”概念簇的特征项聚集在某个类别中，那么其权重值就为 1，如果平均分布在各个类别中，那么特征项权重就为 0；当通用域的特征项聚集在某个类别中时，其权重为 α，若均匀地分布在各个类别中，那么特征项权重值就为 0。

5.7 实验结果及分析

“三农”领域的问句分类测试没有统一的评测平台和数据集，本书抽取“三农”社区问答系统中用户的问句，随机抽取其中的一部分数据进行类别标注和分析。本部分主要工作包括首先统计在网络环境下用户提问“三农”问句不同类别的分布情况；其次设计分析评价“三农”问句分类的实验；最后通过实验结果评价分析本章的关于“三农”问句分类特征抽取算法、基于规则模板粗分类算法和基于 SVM 精细分类算法。

5.7.1 实验设计

图 5-4 是验证本书关于“三农”问句分类算法设计的评价实验，主要包括“三农”问句集的收集和处理、基于模板的“三农”问句粗分类以及基于 SVM“三农”问句精细分类算法，实现的过程如下。

首先，利用网络爬虫定点搜集“三农”社区问答系统中用户提问。本书利用网络爬虫获取网站包含问句的网页，并且利用 DOM 树

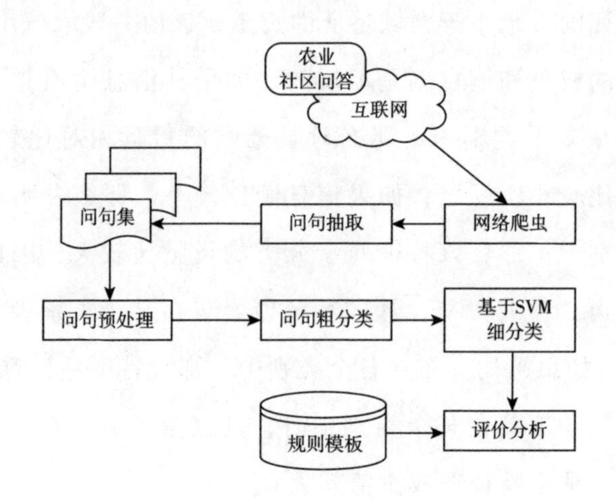

图 5-4 “三农”问句分类实验

的方式自动抽取其中的问句，并去掉其中重复的问句，构成实验中的“三农”问句集。

其次，去掉句子中的客套词语，并对短语、分词以及类别标注等方面预处理，问句集利用粗分类模板生成的方式对问句进行处理，利用自动模板形成的算法形成自动模板，并对形成模板进行评价分析。

最后，对“三农”方式性问句进行精细分类研究。实验中对问句按照本书的特征和特征项的权重形成方法，形成特征向量，然后用 SVM 分类方法对“三农”方式性问句进行分类研究和评价。

5.7.2 问句类别统计

本书的问句集主要来自农业问答[①]网站，它是一个“三农”社区问答平台，其中包含大量的用户关于“三农”问题的提问。在 2011 年 8 月 30 日，本书一共抽取有效问句 6019 条，并随机选择其中的 1968 条问句（其中有的句子包含两个问句，统计时将其视为一条），

① 农业中国［EB/OL］. http://ask.nongye.cn/. 2011.12.1。

首先依据本书“三农”分类体系对问句标注，图 5-5 是对所有的第一个问句类别的统计结果。

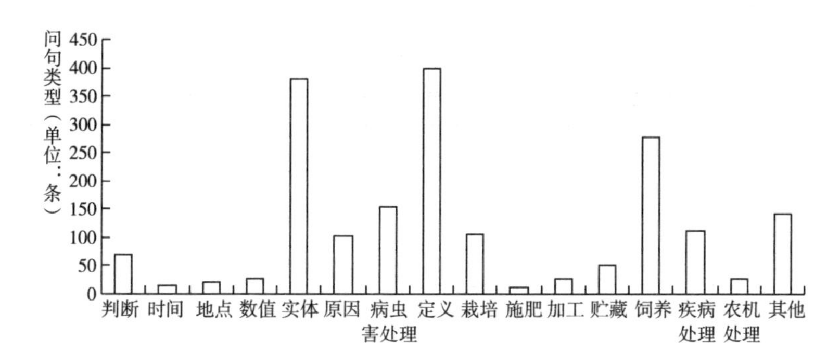

图 5-5 基于“三农”问句分类体系的问句统计

图 5-5 是网络用户提问的“三农”问句按照本书的“三农”问句分类体系统计的结果，该结果表明农民集中查询问题的解决方式、产生问题的原因、实体对象以及“三农”领域的定义。另外，还有一些关于问题对错和选择的判断性问句。其中关于栽培、饲养、病虫害以及动物疾病处理的问题比较多，说明本书的“三农”问句分类体系对方式性问句进行精细分类是必要的。因此，本书的自动问答系统答案抽取部分主要研究“三农”事实性问句、方式性问句、原因性问句的答案抽取方法。

在实际的提问中，用户有时不仅提问一个问题，还要了解与之相关的问题，例如，“种子休眠的原因是什么？及如何处理?”。本书也对问句类别之间的关联关系进行了研究，以便在用户提问某个问题时，同时引导用户提问和推荐相关的问题答案奠定基础。

在上一部分问句标注类别中，共有 97 个问句包含有两个问句，表 5-4 是对其中的 93 个（其他由于数量比较少，没有加入统计表）提问中两个问句类型之间转换分布的一个统计。表 5-4 表明农民的提问主题主要还是如何解决实际问题的方式，其次就是关于实体对象的一些知识性问题和一些原因性问题；通过统计表还可以看到，定义性、实体对象性、方式性以及原因性问句之后，用户通常还会有相关的问题需要获取答案。

表 5-4 两个“三农”问句之间类型转换分布统计

问句类型	实体对象	方式	原因
判断	2	5	3
定义	4	17	1
实体对象	0	23	1
数量	0	4	0
方式	2	11	0
原因	0	20	0

5.7.3 实验结果分析

5.7.3.1 基于模板“三农”问句粗分类实验

标注的“三农”问句的1470个问句中包含疑问词，另外498个问句中没有包含疑问词。实验主要是对于包含疑问词的问句进行分类分析并抽取不包含疑问词的不同类别的判别词，以下内容是“三农”问句粗分类的实验结果及分析。

实验中把数据集分成两部分：其中4/5作为模板生成样本集，另外的1/5作为生成模板的测试集，对本书的基于模板“三农”问句粗分类方法进行测试，利用准确度评价本书的模板生成的有效性。

表5-5显示规则模板对“三农”问句的粗分类的结果，其中的时间（t）、地点（l）、数值（n）、原因（w）和方式（h）类别的效果比较好，主要是这两类问句中都包含准确的模板。在实验中，造成不能准确分类的原因，主要是那些不含疑问词的句子，并且这些句子的中心词不包含在分类常用词库中。

表 5-5 基于规则模板“三农”粗分类性能

粗类别	被分类数	正确数	准确率
b	14	9	0.624
t	3	3	1
l	4	4	1
n	6	5	0.833
e	76	54	0.711
w	25	21	0.84
d	31	19	0.613
h	235	181	0.77

5.7.3.2 基于 SVM“三农”方式性问句精细分类实验

本节的实验对“三农”方式性问句的精细分类效果进行测试。实验 1 是分别把词语和本书的特征作为分类特征结果的比较；实验 2 是分别采用贝叶斯、KNN 分类方法对精细类别进行分类的效果比较。本书将网络收集的问句中的 1167 个“三农”方式性问句做为实验数据，采用交叉验证的方法，把数据分成 10 份，其中 9 份做训练集，1 份做测试集。

（1）实验 1 特征对于分类影响

图 5-6 表明采用不同的特征向量和权重对于分类效果的影响，实验比较了以词语作为特征项和本书提出的特征项的实验结果，以及采用布尔权重和信息熵权重的实验结果。从图中的准确率、召回率以及 F 值方面看，本书的特征抽取的方法都优于词语作为特征向量的方法。在实验中，词语作为特征向量的维度是 1742，然而本书方法的特征维度是 474，从向量维度的方面看，本书的方法可以有效地降低向量维度。从实验结果中可以看到，本书通过采用语义特征作为特征向量，有效地提高了系统分类的效果。

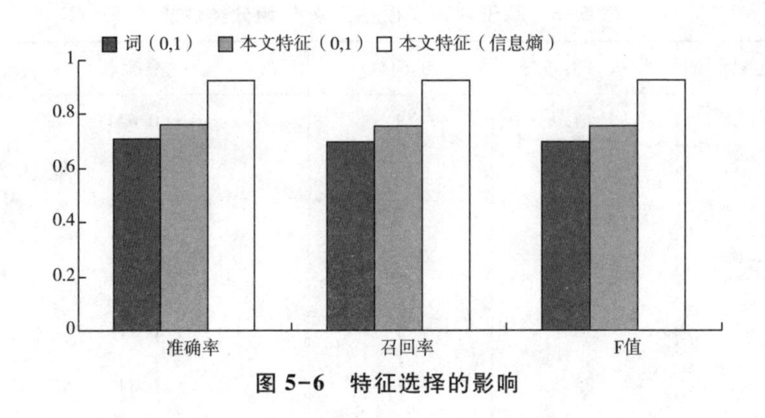

图 5-6　特征选择的影响

（2）实验 2　不同分类器比较

图 5-7 是采用 KNN 分类器、贝叶斯分类器和 SVM 分类器对数据集进行分类的结果的比较。图中表明 SVM 分类器的准确率、召回率和 F 值的效果明显地高于 KNN 和贝叶斯分类器。该实验结果说明本书选择 SVM 分类器是有效的。

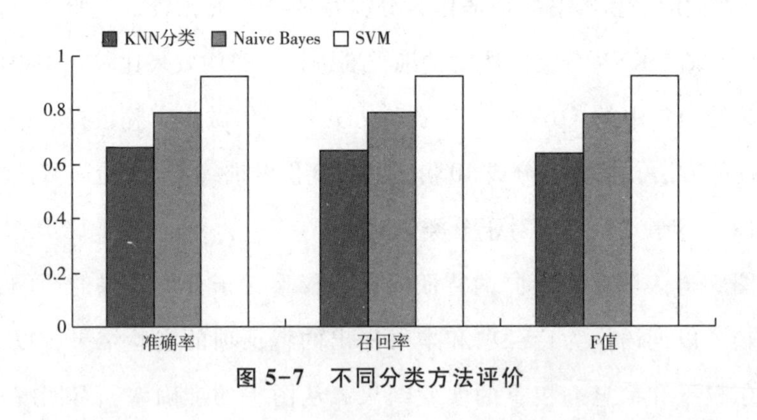

图 5-7　不同分类方法评价

（3）实验 3　基于 SVM 分类器的方式精细分类实验结果

图 5-8 是基于 SVM 分类器的精细分类的实验结果，从图中可见，不同类别的分类准确率、召回率和 F 值都高于 80%，分类器整体的准确率、召回率和 F 值都高于 90%。其中，评价结果相对比较差的是病虫害处理和疾病处理，造成这样的原因主要是“三农”概念簇没有完全包含

所有的病虫害和疾病的概念，以至于造成两个类别之间的错误分类，通过分析实验结果，约 13%的病虫害处理方面的问句被错误地分为疾病处理问句，另外，约 7%的疾病处理方面的问句被错误地分为病虫害处理问句。

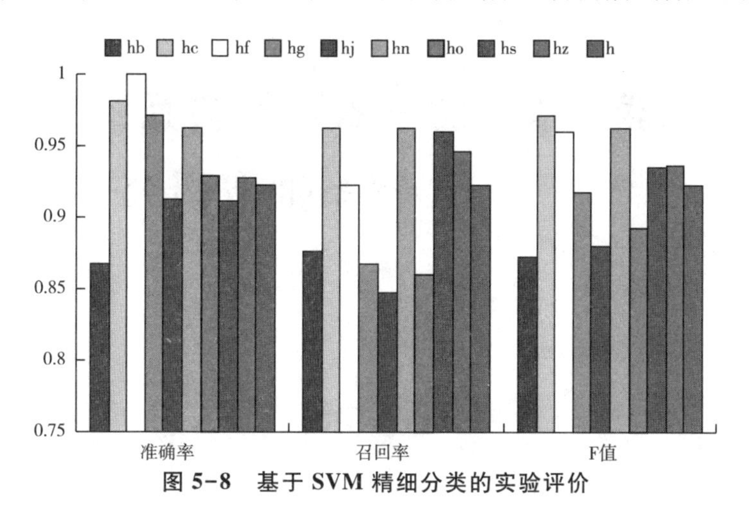

图 5-8 基于 SVM 精细分类的实验评价

图 5-6、图 5-7、图 5-8 表明本书对于方式性精细分类方法和特征的选择是有效的。

5.8 本章小结

本章首先参考开放域和“三农”领域知识，构建了面向“三农”自动问答系统的问句分类体系；其次选择“三农”概念簇、HowNet 义原以及疑问词作为“三农”问句分类的特征；再次给出了基于模板的“三农”问句粗分类的方法和基于 SVM“三农”方式性问句精细分类的方法；最后通过采集网络上用户的“三农”问句，验证了本书提出的特征抽取和分类方法的有效性，实验结果表明本书的方法能够满足“三农”问句的分类需求。同时，在实验的过程中发现，由于“三农”领域概念的不完整，会导致一些类别的分类效果较差，需要进一步改进和提高。

第6章 “三农”问答系统答案抽取研究

6.1 引言

目前搜索引擎返回的结果是与检索词相关的网页或者文档，用户还需要阅读这些文档，才能获取问题的答案。实际上，用户希望系统直接返回精确的、简短的答案。如何从丰富的网络信息资源和领域知识库中抽取问句的答案已成为问答系统研究的热点和难点①。因此，“三农”领域的答案抽取对“三农”自动问答系统起到举足轻重的作用。

由于原因性问句、方式性问句和事实性问句的目的不同，答案的形式和答案的抽取方式是有区别的。以下是“三农”原因性问句和方式性问句的答案形式的两个实例。

例1　施肥后玉米苗为什么打蔫？

答案：[因为] 玉米苗还小，叶片幼嫩靠近地面，而尿素施用量多，且又施在土壤表面上，在高温季节只浇少量的地表水，是不能将

---

① 郑实福、刘挺、秦兵等：《自动问答综述》，《中文信息学报》2002年第6期，第46~52页。

颗粒尿素淋溶到土壤深处的，只能将大量尿素溶于地表。石灰性土壤，属于偏碱性的土壤，溶解的尿素分子在高温下较快地分解产生大量氨气和二氧化碳，[导致] 熏苗。

例 2　夏季应怎样栽培草菇?

答案：一，菇畦的准备。二，栽培料处理。三，选好菌种。四，栽培方式。五，出菇后管理。六，采菇后的管理。

两个实例分别是“三农”原因性问句和方式问句的答案形式。这两个实例说明原因性问句和方式性问句的答案不是一个词语或者短语，而是句子或者文摘，不同于目前开放域中事实性问句答案的形式。

上一章“三农”问句分类的研究表明“三农”问句不仅有概念之间的事实性问句，还包含大量的关于农业生产、农民生活的“三农”原因性和方式性问句，显然这类问句仅用词语或短语来作为答案是不能表达答案的意思，而需要句子和段落摘要来作为答案。和开放域的答案抽取相比，“三农”问句答案抽取有其特点，主要表现在两方面：一方面，“三农”领域知识作为事实性问句的基础，事实性问句的答案能够通过知识库直接查找；另一方面，“三农”问句中包含大量的原因性和方式性问句，这类问句的答案存在于丰富的网络资源中，但目前事实性问句的答案抽取方法不能够直接移植到这两类问句的答案抽取中，并且研究相对较少。

本章研究“三农”问答系统答案抽取的方式。依据“三农”问句的类别，本书分别研究了“三农”事实性问句、原因性问句和方式性问句的答案抽取方法。第 2 节介绍答案抽取的相关研究；第 3 节研究如何利用农业知识库查询事实性问句的答案；第 4 节研究如何利用线索词抽取原因性问句的答案；第 5 节研究如何利用语义摘要的方式抽取方式性问句的答案；第 6 节介绍问答系统抽取答案的评价，并通过实验验证本书中三类“三农”问句答案抽取方法的效果；最后一部分对本章进行小结。

6.2 相关研究

国内外学者针对开放域和受限域中的事实性问句、原因性问句和方式性问句的答案抽取做了大量研究，以下按照类别分述学者对答案抽取的相关研究。

（1）事实性问句答案抽取研究

事实性问句的答案抽取研究得比较多。本书的绪论部分阐述了事实性抽取的思想和方法，下文具体介绍不同学者关于答案抽取的研究。

胡宝顺等人[①]针对中文事实型问答系统，采用 Sun[②] 的问题答案分类思想，提出一种基于句法结构特征分析及分类技术的答案提取算法。该方法，首先，通过问句分类确定候选答案的类型信息，并从包含问句主题的段落中抽取候选答案和提取获选答案的句子句法特征和其他特征；其次，利用机器学习这些样本，形成模型；最后，利用机器学习的模型来区分获选答案的对错。

Cheng-Wei Lee 等人[③]针对语言资源和文档资源缺少的情况，提出了 SCO-QAT（Sum of Co-occurrences of Question and Answer Terms）和 ABSPs（Alignment-based Surface Patterns）两种方法，方便获得候选答案之间的关系，进而获得正确的答案。SCO-QAT 通过计算问句和获选

① 胡宝顺、王大玲、于戈等：《基于句法结构特征分析及分类技术的答案提取算法》，《计算机学报》2008 年第 4 期，第 662~676 页。

② Sun A., Jiang M., Ma Y.. A maximum entropy model based answer extraction for Chinese question answering [C]. International Conference on Fuzzy Systems and Knowledge Discovery, 2006: 1239-1248.

③ Lee C., Sung C., Lee Y., et al.. Boosting Chinese Question Answering with Two Lightweight Methods: ABSPs and SCO-QAT [J]. ACM Transactions on Asian Language Information Processing, 2008, 4: 1-29.

答案之间词语共现分值，对候选答案进行排序；ABSPs利用多队列算法训练问句-答案对，从而获得语义模型来获取答案。

余正涛等人[①]提出了一种利用模式学习来抽取问句答案句子模板的算法。该算法以网络搜索引擎检索到问题答案句子为样本，人工选择含有问句答案成分段段落，并通过问句分类体系对其标注问句及答案的类型，构建不同问句类型的问句和答案语料；然后对语料集进行统计，抽取作为答案的句子模式，计算候选答案的句子模式权重，并根据权重获得相应问句类型的答案句子模式。

（2）原因性问句答案抽取研究

原因性问句的答案抽取也成为近年来问句答案抽取的研究热点，学者研究利用模板匹配和阅读理解的方式对从检索文档中抽取候选答案。

张志昌[②]等人提出一种阅读理解中原因性问句的答案句抽取方法。该方法在抽取时，利用话题间因果修辞关系识别问题话题的句子，然后通过机器学习方法对作为问句答案的候选句子按照概率大小进行排序。其中的排序模型是以候选答案句子的上下文和原因问句主题之间的相似度，候选答案句子的上下文，以及候选答案句子与原因问句间所表达的因果联系等作为计算候选句子属于问句答案的概率的特征。

NAZEQA[③]（日本Why-QA系统）采用了自动获取原因表示模式，并利用模式进行原因性问句的答案抽取。该方法首先从文档集中收集原因的表示，并且转化成原因表示模式和提取出用于训练问题答案排

---

① 余正涛、樊孝忠、郭剑毅等：《基于潜在语义分析的汉语问答系统答案提取》，《计算机学报》2006年第10期，第1889~1893页。

② 张志昌、张宇等：《基于话题和修辞识别的阅读理解why型问题回答》，《计算机研究与发展》2011年第2期，第216~223页。

③ Ryuichiro H.，Hideki I.. Automatically Acquiring Causal Expression Patterns from Relation-annotated Corpora to Improve Question Answering for why-Questions [J]. ACM Transactions on Asian Language Information Processing，2008，2：1-29.

序的特征，其次利用这些特征对候选答案进行排序。

（3）方式性问句答案抽取研究

由于在开放域中，事物和事件的处理方式比较多，答案存在比较灵活，方式性问句答案抽取的研究相对比较晚。尽管如此，也有学者在该方面进行一些实践性的研究。

Yllias Chali① 首先对检索文档进行语义标注（词性标签、语义标签、词的属性标签、命名实体标签等），获取检索文档取得特征信息，其次对于确定类型答案类型的问句利用模式匹配或者标注标签抽取问题答案，最后系统利用人工设置的不同准则对生成的答案自动排序。Surdeanu② 等人也研究了方式性问句答案的抽取及排序的方法。

（4）受限域的问题答案抽取研究

受限域的问答系统，答案抽取受领域知识限制和约束，从而抽取的答案就更有效、更精确。Rafael M. Terol③ 充分利用统一医学语言系统（UMLS）知识对医学专业术语进行处理，设计了医学领域问答系统。Zhongmin Shi 等人④基于 SQUASH⑤ 自动摘要系统，结合生物、医学领域知识和多文档摘要技术，构建一个面向生物和医学领域的问答系统 BIOSQUASH，该系统由标注、概念相似度、文摘抽取和编辑四部分组成。

---

① Yllias C.. Question answering using question classification and document tagging [J]. Applied Artificial Intelligence, 2009, 2: 500-521.

② Surdeanu M., Ciaramita M., Zaragoza H.. Learning to rank answers on large online QA collections [C]. Proceedings of ACL 2008, 2008: 719-727.

③ Rafael M. T., Patricio M. B., Manuel P.. A knowledge based method for the medical question answering problem [J]. Computers in Biology and Medicine, 2007, 10: 1511-1521.

④ Shi Z., Gabor M., Yang W., et al.. Question Answering Summarization of Multiple Biomedical Documents [C]. 20th conference of the Canadian Society for Computational Studies of Intelligence on Advances in Artificial Intelligence. 2007: 284-295.

⑤ Gabor M., Yang W., Liu Y., et al.. Description of squash, the sfu question answering summary handler for the duc-2005 summarization task [C]. Proceeding of DUC-2005, 2005: 103-110.

本章主要按照“三农”问句分类体系，研究关于“三农”领域的事实性问句、原因性问句和方式问句的答案抽取方式。三类问句获取答案的数据源并不相同，事实性问句的答案利用农业知识库获取，原因性和方式性问句的答案通过网络上的 Web 信息资源获取。

6.3 基于农业知识库的答案抽取

事实性问句的答案抽取类似一个填空题解答的过程，即用户的需求就是获取句子中空白处的答案[①]。因此，“三农”问句的答案抽取过程可以表达为通过已知的“三农”概念查找与之有某种关联的未知的“三农”概念过程。

大量学者已经从不同的研究角度建立了反映“三农”概念知识关系的知识库，如何把知识库中的知识和事实性问句关联起来，从中抽取“三农”事实性问句的答案是本节研究的内容。AGROVOC 知识库包含了农业概念之间，及两个概念之间的语义联系。本书以 AGROVOC 知识库作为信息源，利用其中的“三农”概念之间的关联来解答问题。

本节首先介绍 AGROVOC 知识库的相关知识，然后详细阐述 AGROVOC 知识库和事实性问句转换为关系组的相关定义和方法，以及利用语义相似度计算两个关系组的语义相似度匹配和抽取答案的过程。

6.3.1 AGROVOC 知识库

AGROVOC[②] 是一部多语种（英语、法语、西班牙语、中文、阿拉

① Marilyn D. W.. Questioning Behavior on a Consumer Health Electronic List [J]. The Library Quarterly, 2000, 3: 302-334.

② AGROVOC: Agricultural Information Management Standards (AIMS) Interoperability, reusability and cooperation [EB/OL]. http://aims.fao.org/website/AGROVOC-Thesaurus/sub. 2011. 11. 20.

伯语等）结构的叙词表，包含了农业、林业、渔业、食品安全以及相关的“三农”领域的词语（术语）等，是联合国粮食及农业组织和欧共体在 20 世纪 80 年代组织全球图书馆员、术语专家和信息管理员利用 VocBench[①] 软件开发的，并且不断地维护更新，包含 MySQL、Microsoft Access、TagText、ISO2709、XML、SKOS、OWL 等数据格式，本章采用 MySQL 数据库的格式。

AGROVOC 知识库通过 12 个表来描述领域概念的含义和关联，图 6-1 是数据库中表与表之间的联系，利用 PowerDesigner[②] 工具对 AGROVOC 进行逆向工程获得的实体关系图。图中包含了知识库中的所有的表以及属性和联系，从图中可以看出 termlink 是其中的一个核心表，以下内容主要围绕 termlink，介绍该表以及与其有关联的表的结构及含义。

词表 agrovoterm：记录“三农”领域内的词语（术语）；其基本表结构为：termcode（词语 ID）、languagecode（语言类型）、termspell（词语拼写）、scopeid（词语所属类别 ID）；词语的总数将近 60 万条，其中的中文词语也近 4 万条。

词关联表 termlink：记录词表中词语之间的关系，关系类型是词关联类型表中记录的关系类型；其基本结构为：termcode1（第一个词语的 ID）、termcode2（第二个词语的 ID）、languagecode1（第一个词语语言类型）、languagecode2（第二个词语语言类型）、linktype（关系类型），其中有 15 万条词语之间的关联，这其中中文的词语关联有 10 万多条。

---

① VocBench 是一个基于万维网的多语种词汇管理工具，由粮农组织开发，并由研究伙伴 MIMOS Berhad 主持。它将词汇、授权清单和专业辞汇集转换成 SKOS/RDF 概念计划，供链接数据环境中应用。

② PowerDesigner [EB/OL]. http://www.sybase.com/products/modelingdevelopment/powerdesigner. 2011.11.20.

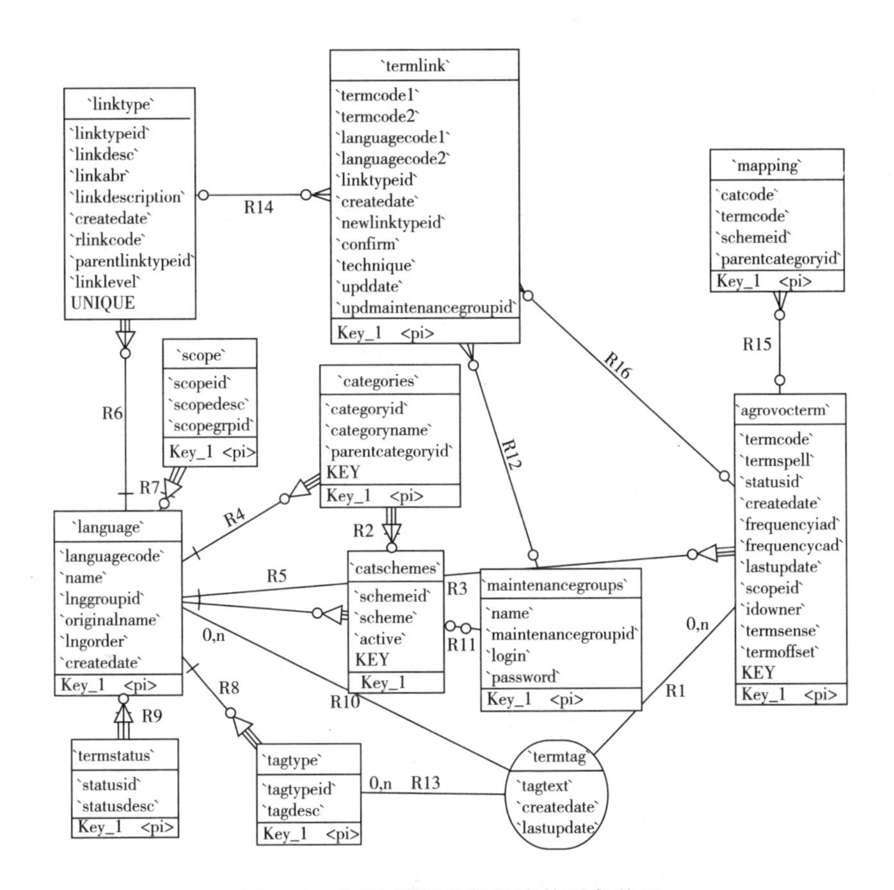

图 6-1 AGROVOC 数据库的对象关系

资料来源：康丽、杨仁刚、夏崇镨：《基于多语种农业叙词表 AGROVOC 的主题爬虫策略》，《第一届国际计算机及计算技术在农业中的应用研讨会暨第一届中国农村信息化发展论坛》，2007，第 266~270 页。

词关联类型表 linktype：描述两个词语之间的关系类型，具体的类型有：代、代+、上位、下位、用、参照、子类、超类、相关概念、部分等，其基本的表结构为：linktypeid（关系 ID）、languagecode（语言类型）、linkdesc（关系描述）、linkabr（关系简写形式）、linkdescription（关系形式）。

6.3.2 基于关系组的答案抽取

在 AGROVOC 的 termlink 表中 termcode1、termcode2 和 linktype 表明两个概念及其之间的关系，本书利用关系组将事实性问句和表中的知识关联起来，然后利用关系组匹配抽取答案。首先介绍答案抽取中用到的关系组的定义。

定义 6.1 关系组由关系词以及两个实体词组成，两个概念通过关系词关联到一起，将其表示为：

$$R(word1, word2)$$

其中 R 表示关系词，$word1$ 和 $word2$ 表示两个实体词。实体词是“三农”领域的概念词，指 AGROVOC 知识库的 termlink 中的 termcode1 和 termcode2 映射到 agrovoterm 表的概念 termspell；关系词是指揭示两个事物之间关系的词语，通过其把实体词 $word1$ 关联到对应的实体词语 $word2$，指 AGROVOC 知识库中的 linktype 表中的关系，对应于 termlink 的 linktype；关系组是 AGROVOC 知识库中表示两个词语之间关系的记录，所有记录组合到一起形成关系组集。采用上述方法将 AGROVOC 的 termlink 表转换为关系组。

例：AGROVOC 知识库中的一条记录“有害的小反刍动物病毒病 BT”转换为关系组为：属于（有害的小反刍动物，病毒病）。

定义 6.2 未知量是用户需要获取的知识，即关系组中需要求解的实体词，对应于事实性问句中的疑问词，用 x 表示；已知量是指用户已有的知识，即关系组中已知的实体词，用 t 表示。

定义 6.3 匹配是利用已知量和关系求解未知量的过程，实现过程是首先将事实性问句转化为问题关系组 r（x，t）或者 r（t，x），然后在 AGROVOC 知识库形成的关系组集中查找与问题关系组对应的关系组。

本书中通过可信度表示两个关系组匹配的程度。设一个包含未知量的关系组为 $r1$（x, $t12$），关系组集中的一个关系组为 $r2$（$t21$, $t22$），未知量 x 为 $t21$ 的可信度为：

$$C(x,t21)=sim(r1,r2)sim(t12,t22) \tag{6-1}$$

其中，sim（$r1$, $r2$）表示 $r1$ 和 $r2$ 之间的语义关系相似度，$r1$ 实质是问句的谓语动词，$r2$ 是 termlink 中的 linktype，两者之间的相似度利用第 3 章中的基于 HowNet 语义相似度计算；sim（$t12$, $t22$）表示 $t12$ 和 $t22$ 两者之间的语义关系相似度，由于 $t12$ 和 $t22$ 是“三农”领域内的词语，两者之间的语义关系相似度采用第 3 章中的“三农”领域中专业名词相似度计算。可信度 C 值的取值范围为 [0, 1]，如果两个关系和已知的实体词都相同，获取答案的可信度就为 1；反之，如果关系和已知实体词其中一个为 0 或者都为 0，那么获取答案的可信度就为 0，表明不能从 AGROVOC 知识库中获取答案。

事实性问句转换含有未知量的关系组是查找答案的重要一步。研究利用语法把句子中的这些成分和关系组中的关系词、未知量和已知量对应起来是非常重要的。本书假设问句和普通的句子一样都包含主语、谓语、宾语三部分，并且事实性问句中的疑问词出现在问句的主语或者宾语部分。本书研究问句转换为问题关系组的转换规则：

（1）谓语动词转换为关系组中的关系 r；

（2）主语中的名词短语或名词转换为关系组中的实体词 $word1$；

（3）宾语中的名词短语或者名词关系组中的实体词 $word2$；

（4）如果主语中包含疑问词，那么就把 $word1$ 作为未知量，$word2$ 作为已知量；反之，如果宾语中包含疑问词，那么就把 $word2$ 作为未知量，$word1$ 作为已知量。

以上的规则把句子和关系组联系起来了，将事实性问句关系组和知识库关系组匹配的过程如图 6-2 所示。

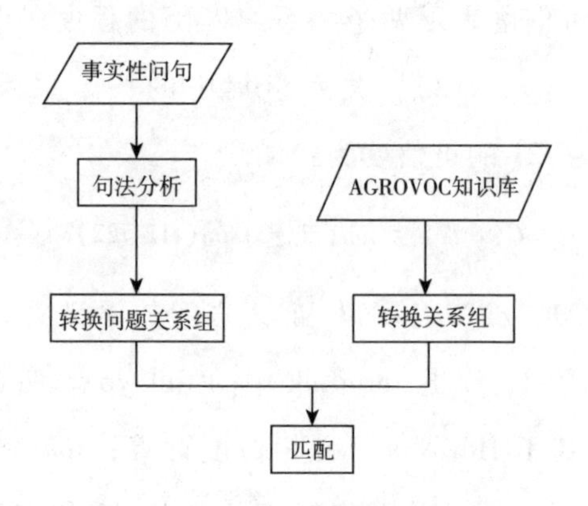

图 6-2 基于关系组答案抽取流程

步骤 1，利用中科院分词工具对问句分词，并利用 Stanford 句法分析工具抽取句子中的谓语、主语和宾语。

步骤 2，按照本书的问句转换为问题关系组的转换规则将问句转换成为问题关系组，即确定问句的已知概念和位置概念，以及两者的关系。

步骤 3，利用匹配方法（定义 6.3）计算问题关系组和 AGROVOC 形成关系组集中的可信度，并按照可信度排序，返回可信度较高的词语作为问句答案。

6.4 基于线索词的原因性问句答案抽取

“三农”原因性问句也是被用户经常提问的“三农”问句类型，如何从相关的文档中抽取问题的答案是本节主要研究的内容。张志昌等人[①]对原因性问题和其答案之间的关系形式研究指出两者之间存在 4 种关系：（1）答案句与对应问题主题的句子存在因果关系；（2）答案

① 张志昌、张宇等：《基于话题和修辞识别的阅读理解 why 型问题回答》，《计算机研究与发展》2011 年第 2 期，第 216~223 页。

是对应问题主题的句子的某个从句；（3）答案与问句主题之间存在蕴含因果关系；（4）从篇章推理出答案。本节研究针对（1）和（2）两种关系情况，通过原因线索词作为判定因果句子或段落的标识，以及如何利用原因线索词的模板抽取“三农”原因性问句的答案。

6.4.1 原因性问句的候选答案

张志昌等人通过大量的语料研究表明，原因性问句的答案都是在表示因果的句子或者段落中，并且因果句子中大部分都包含因果连词或因果角色词等线索词。中文因果句子中包含因果连词或因果角色词（文中将其定义为具有因果属性的原因性动词或名词）。

定义 6.4 原因线索词库就是具有因果关系的词语形成的集合，其主要包括因果连词、包含因果关系的动词和名词。本书从语言学和中文知识库 HowNet 中获取原因性线索词，包括因果连词和原因角色词。

因果连词是指在逻辑层面上可以表达事件的因果关系，且具有连接从句功能的语法词语[①]。中文对于因果连词的词语的界定没有统一标准，吕叔湘主编的《现代汉语八百词》（增订版）[②] 把“从而、所以、以至、以至于、以致、因、因此、因而、因为、由于”10 个词作为因果连词，并被大多数因果关系研究应用，把这些因果连词作为识别因果关系句子的线索词存储到线索词库中。

因果连词一般存在于复杂的复合句子中，然而有些原因结果通过原因角色词用一个简单句就可以把其关联起来。通过对大量的没包含因果连词的因果句子分析表明，句子中包含因果关系的名词或者动词，这些原因性词语能够表明句子中的因果关系，通过检查句子中是否包

① 彭湃：《现代汉语因果关系连接成分研究综述》，《汉语学习》2004 年第 2 期，第 44~84 页。

② 吕叔湘：《现代汉语八百词》，商务印书馆，1980。

含原因性特征的词语来判断句子中是否为因果性句子。

HowNet 中原因性动词实例：

NO. =141978

W_C=引发

G_C=V[yin3 fa1]

E_C=

W_E=initiate

G_E=V

E_E=

DEF={ResultIn|导致}

HowNet 中原因性名词实例：

NO. =145038

W_C=诱因

G_C=N[you4 yin1]

E_C=

W_E=cause

G_E=N

E_E=

DEF={cause|原因}

以上的“引起”和“诱因”两个词是关于隐含因果性动词和名词的实例。两个实例表明 HowNet 中的原因性动词的 DEF 为 event 中的 {ResultIn|导致} 义原；原因性的名词的 DEF 为 entity 中的 {cause|原因} 义原。通过判断 HowNet 的 DEF 项是否为原因性义原抽取原因性动词和名词，并把这些词语加到线索性词库中。

本书假设一个句子为原因性问句的答案，需要满足两个条件：

(1) 句子的主题要和问句的主题相一致；

（2）句子中需要包含原因性线索词。

因此，利用问句主题的语义相似度和原因性线索词库实现原因性问句的候选答案抽取的过程如图 6-3 所示。

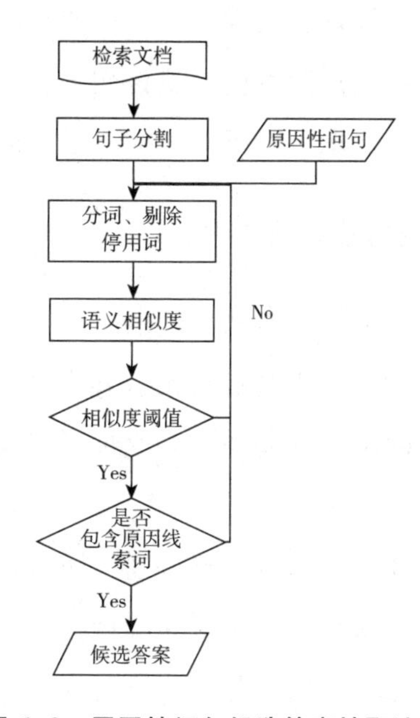

图 6-3 原因性问句候选答案抽取流程

步骤 1，把检索到的文档分割成句子，并用中科院分词工具对问句和文档中句子进行分词，同时剔除停用词，形成问句和文档中句子的词语向量 W_q和 W_i（其中 i 是句子在文档中的位置）。

步骤 2，计算问句和句子之间的语义相似度。然后判断相似度是否大于设定阈值，如果大于阈值，则执行步骤 3，否则执行下一个句子。

假设词语向量能够表达句子的语义，则通过词语向量计算句子相似度来判断句子是否为问句主题的句子。句子相似度的计算方法参照“三农”FAQ 中问题语义相似度的算法计算两个句子的相似度。

步骤 3，判断句子中是否包含原因性线索词，如果包含原因性线索词，就将其作为候选答案，否则执行下一个句子。

判断句子中是否包含原因性线索词具体实现过程，首先检查句子中是否包含因果连接词，如果包含就将该句子和其前、后两个句子作为候选句；否则查找前一个句子和后一个句子是否包含因果连接词，如果包含就把相关的句子都作为候选句。如果前、后句子也没有包含因果连接词，那么利用线索词库就查找该句子中是否包含原因性的动词或者名词，包含则把其作为候选句子，否则，放弃该句子。

6.4.2 基于模板的答案抽取

上一部分已经从检索相关文档中抽取了包含原因线索词的候选答案，本节研究利用线索词形成模板从候选答案中抽取答案部分，进一步分析原因结果对中的结果和问句主题之间的语义相似度，并利用该相似度对答案进行排序。

在实际的语言环境中，包含原因线索词的句子以线索词为界限，前、后两部分之间具有明显的因果关系。因此，利用线索词为界进行分割，从中抽取出原因和结果部分，形成包含原因和结果因果关系模板，利用模板比对的方法方便地抽取出句子中的原因和结果。因果连词和 HowNet 中的因果关系的名词和动词数量比较少，本书利用人工方式对这些原因线索词形成原因结果模板。表 6-1、表 6-2、表 6-3 是人工编制的部分模板的实例。

表 6-1 因果关系连词原因结果模板

因果连词	模板	实例
因为	因为〈原因〉造成［结果］	因为〈重茬、不重视土壤消毒、生长期高温多雨等因素〉，造成［大面积枯萎死亡］
为此	〈原因〉为此［结果］	〈武汉局部地区发生月季黑斑病和蚜虫虫害〉。为此，［园林工人紧急出动，采取各种预防、灭杀措施］
所以	〈原因〉所以［结果］	〈土壤太湿导致和招引许多病虫害〉。所以［要注意菜园的排水］

表 6-2 因果关系动词原因结果模板

因果关系动词	模板	实例
引发	〈原因〉引发［结果］	〈冰雹也会〉引发［银杏树落果］
源于	［结果］源于［原因］	［广元橘子生蛆爆发］源于〈大实蝇疫情〉
导致	〈原因〉导致［结果］	〈病虫害增加〉导致［农药需求量将大增］
影响	〈原因〉影响［结果］	〈锌锰肥〉影响［小麦产量］

表 6-3 因果关系名词原因结果模板

因果关系名词	模板	实例
诱因	［结果］诱因〈原因〉	［泥鳅发病］的诱因之一：〈鱼体受伤或放养密度过大〉
诱因	〈原因〉是［结果］诱因	〈饲料营养不平衡、蛋白低、维生素缺乏等〉都是［鸡腺胃炎发病］的诱因
原因	［结果］原因分析〈原因〉	［死鱼事件发生］的原因分析〈1. 养殖户科学养殖技术欠缺……〉

基于模板原因性问句答案抽取的过程：首先，通过原因性线索词模板抽取候选答案中的原因和结果句子和短语；其次，计算句子结果部分和问句主题之间的语义相似度（语义相似度的计算方法同第 4 章中语义相似度方法计算相同）；最后，依照相似度大小，将候选答案进行排列，如果候选答案的数量超过 5 个，那么就把前 5 个返回给用户。

6.5 基于语义摘要的方式性问句答案抽取

“三农”方式性问句是用户寻求解决实际的生产、生活中问题的答案。上一章“三农”问句统计说明此类问句是用户提问最多的问句形式。本节研究利用语义文摘方式从相关文档中抽取方式性问句的答案，首先回顾自动文摘的相关研究；其次针对同一类答案中包含大量相同词语，提出了一个基于主题词的文摘抽取方法，并将其应用在“三农”方式性问句的候选答案抽取中；最后采用计算问句和答案中谓语动词的语义相似度对答案排序。

6.5.1 自动文摘概述

自动文摘[①]是利用计算机技术自动地从自然语言形式的电子文本中抽取能够涵盖或索引原文核心意思的重要内容。从 20 世纪 50 年代末，Luhn[②] 开始研究自动文摘开始，已经取得了很多研究成果，并生成一篇简洁连贯的文摘。马海群等人[③]对国内的自动文摘的研究论文进行统计表明自动文摘已经成为自然语言处理领域的一个研究重点，并将其应用到人们现实生活的多个领域，如专利[④]、Blog 摘要[⑤]等。

郭燕慧等人[⑥]将自动文摘的过程分成三个步骤（如图 6-4）：首先，分析原文，也就是分析查找最能表示文档意思的成分；其次，通过摘要的方法对文档进行压缩；最后，对压缩文档进行组合，从而形成文摘。

依据文档的表示方式和摘要的抽取方式，自动文摘的方法分为基于统计的方法、基于语义内容的方式和基于文档结构的方式。以下内容简单地介绍一下各种方法的主要思想，具体的实现不在此详细阐述。

---

① 江铭虎：《自然语言处理》，高等教育出版社，2006。

② Luhn P. H.. Automatic creation of literature abstracts [J]. IBM Journal, 1958, 4: 159-165.

③ 马海群、杨志和：《国内自动文摘研究回顾与展望——基于研究论文的统计分析》，《情报学报》2011 年第 6 期，第 626~634 页。

④ Amy J. C. Trappey, Charles V. Trappey, Chu-Yi Wu.. Automatic patent document summarization for collaborative knowledge systems and services [J]. Journal of Systems Science and Systems Engineering, 2009, 1: 71-94.

⑤ 陈明、王邦军、赵朋朋等：《一个基于特征信息的 Blog 自动文摘研究》，《计算机应用研究》2011 年第 10 期，第 3760~3763 页。

⑥ 郭燕慧、钟义信、马志勇：《自动文摘综述》，《情报学报》2002 年第 5 期，第 582~591 页。

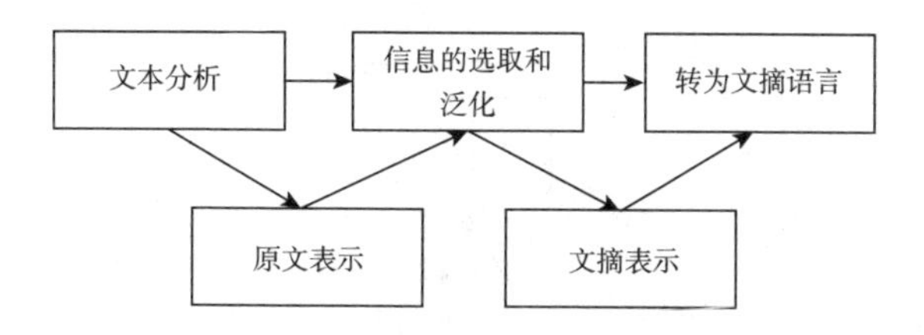

图 6-4 自动文摘处理过程

基于统计的方法自动文摘就是以文档中词的出现频率以及句子在文档中的或文章中的位置等表层形式特征为基础，直接抽取文档中的句子作为摘要。基于语义内容的自动文摘是以自然语言处理技术和语言学知识为基础，并对领域知识进行判断、推理为基础来形成文摘。基于结构的自动文摘是从文档的结构方面进行文摘的生成①。

本书“三农”方式性问句的答案文摘不是整篇文档的摘要，而仅需要对于文档和问句主题相关部分进行摘要，因此，本书以统计和语义摘要相结合的方法，形成问句的主题摘要。

6.5.2 基于主题词的文摘自动抽取

本节结合网络上检索问句主题的相关文档，基于主题词的文摘方法抽取方式性问句答案的实现流程如图 6-5 所示，主要包括 4 个步骤，以下是实现过程。

步骤 1，对 Html 页面进行预处理，即去掉不相关的标记语言以及与主题不相关的内容，如导航和广告内容，同时抽取页面的正文内容，并将正文内容按照段落的格式进行分割，形成文章的段落结构，并分词。

步骤 2，结合方式性问句类别的主题词库，分析各个段落包含对

---

① Gerard S., Amit S. L., Mandar M., et al.. Automatic text structuring and summarization [J]. Information Processing & Management, 1997, 2: 193-207.

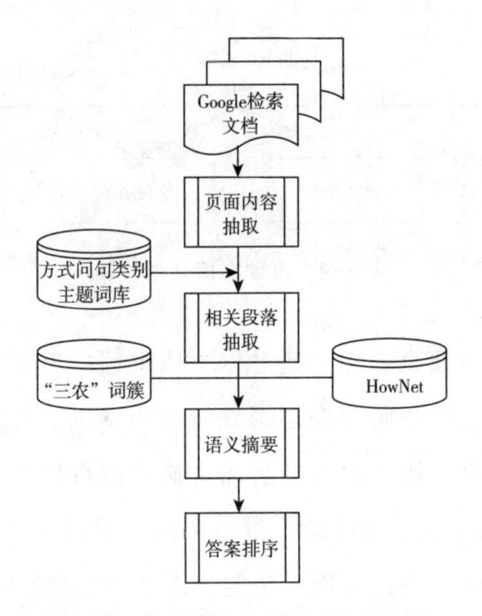

图 6-5　方式性问句答案抽取的流程

应的方式性问句的主题词的情况，如果段落中大量包含主题词，就把其作为答案的候选段落；反之如果不包含或者包含比较少的主题词，进行下一个段落处理。

步骤 3，利用语义摘要的方式，对相关的摘要段落进行自动摘要处理，形成方式性问句的答案摘要。

步骤 4，利用答案中的句子和问句的谓语动词的相似度对答案进行排序。

6.5.2.1　主题段落抽取

文档一般包含多个子主题，问句的答案仅是其中的一个子主题，也即文档中一些相关段落。通过上一章的“三农”问句分类，“三农”问句类别已经被确定，并且问句类别可以指导答案抽取。在相同类别“三农”方式性问句的答案中包含大量相同的词汇，本书中将这些词汇定义为类别主题词。

定义6.5 问句类别主题词是多次在同一种问句类别的答案集出现的词汇集合。设同一类别问句的答案集合为 D（d_1，d_2，…，d_n），其中 d_i 中包含的词汇为 w_{1i}，w_{2i}，…，w_{mi}，然后，统计集合 D 中出现所有词语的次数，然后抽取去掉停用词的高频词，形成该问句类别的主题词集合。

为了度量抽取的段落作为问句主题答案的程度，文中把对应方式性问句类别主题词作为段落抽取的环境，参考 Chen 等人[①]提出的个性化文摘抽取的方法，设计了一个依据问句类别 j 的主题词计算段落的主题权重。计算每个段落对于满足答案的权重为：

$$w_p(j) = \frac{\sum_{i=1}^{n} \Phi_j(w(i))}{n} \tag{6-2}$$

其中，w（i）为段落的第 i 个词语，n 为整个段落中词的个数，Φ_j（.）表示词语是否出现在方式性回答的 j 小类类别的主题词集合，如果出现，则其函数值为1；如果没有出现，则其函数值为0。

问句主题段落抽取的方法：首先计算相关文档中段落问句主题的相似度；其次判断是否满足设定的阈值，如果高于阈值则把其作为主题段落抽取，否则，就把段落放弃。

6.5.2.2 基于语义摘要的候选答案抽取

如果把上一节内容问句答案的主题段落作为答案，这样的答案比较冗长。为了抽取满足用户需要的精简答案，本书利用自动摘要的方式从主题段落中抽取问句的答案，此方法结合句子中的动词语义、句子位置、指示性短语等特征计算句子的权重，然后选择权重大于阈值的句子作为答案中包含的句子。以下是这些特征形成的方法。

---

① Chen Z.，Shen J.. Research on query-based automatic summarization of webpage [C]. Proceedings of Computing，Communication，Control and Management，2009：173-176.

(1)“三农”语义的句子特征

对于方式性问句的答案，用户最关心的是问题处理的方法、方式，动词表示各类动作的词语，那么我们认为句子中的动词最能表达用户所关心的问题。因此，句子中是否包含“三农”动词作为判断该句子是否为答案摘要的一个重要特征。

定义6.6 “三农”动词是能够表达处理“三农”问题的动词。判断句子中的谓语动词是否为“三农”的准则有两条：（1）动词在HowNet中的定义，直接标注为涉及农业领域的动词；（2）动词在HowNet中没有标注为农业领域，但句子的主语或宾语包含“三农”概念簇中的词语或者HowNet中的定义直接标注为涉及农业领域的词语。只要满足一条就可判断句子中包含“三农”动词。

第一种情况通过查找动词的HowNet的DEF的domain是否为“agricultural | 农”，例如：脱粒在HowNet的定义：

NO. =121009

W_C=脱粒

G_C=V[tuo1 li4]

E_C=

W_E=shell

G_E=V

E_E=

DEF={StripOff|剥去:PatientPart={part|部件:PartPosition={skin|皮},whole={crop|庄稼}},domain={agricultural|农}}

对于第二种情况，文中通过判断句子中除了谓语的词语是否还包含“三农”领域词。例如：

“精整土地。”其中的谓语动词“精整”在HowNet中没有解释，但是“三农”词簇中包含“土地”，因此，“精整”就为一个关于

“三农”的动词。

句子是否为关于“三农”的句子，其权重值设置为：

$$w_s=\begin{cases}1 & \text{如果动词是第一种情况}\\ \alpha & \text{如果动词是第二种情况}\\ 0 & \text{其他}\end{cases} \quad (6-3)$$

其中当句子中包含涉及“三农”动词时，那么句子的该特征值就为 1；如果没有包含直接涉及“三农”的动词，但其中包含关于“三农”的词语，句子的该特征值就为 α，试验中该值设为 0.8；其他的句子没有包含任何“三农”特征词语，那么句子的该特征就设置为 0，一般情况下，本书假设这样的句子不包含在答案中。

（2）句子位置特征

Baxendale① 研究表明 85%的人工摘要的句子来自段落的第一句，说明句子的位置对于摘要的生成是有影响的。蒋昌金等人②在其自动文摘系统中，设定段首的句子权重为 1，第二句和段位的为 0.5，其他的为 0。本书的自动摘要不是针对整个文档，而仅仅是针对相关的段落文档，并且这些段落中的句子还包含和答案主题相关的问句类别主题词，其对文摘还是有影响的，所以设计句子基于位置的权重为：

$$w_p=\begin{cases}1 & \text{句子在段首}\\ 0.5 & \text{其他}\end{cases} \quad (6-4)$$

也就是说，如果句子在段首，那么其权重就记 1；其他的就为 0.5。

---

① Baxendale E.. Machine-made index for technical literature an experiment [J]. IBM Journal of Research and Development, 1958, 4: 354-361.

② 蒋昌金、彭宏、陈建超等：《基于主题词权重和句子特征的自动文摘》，《华南理工大学学报（自然科学版）》2010 年第 7 期，第 50~55 页。

（3）指示性短语特征

所谓指示短语，就是“一”“二”“其一”“其二”“（1）”“（2）”“首先”“其次”等描述先后关系或“综上所述”“总之”等总结性的词语或短语。这些词语对段落的主题表达具有显著的提示作用，可以把其作为摘要的一个特征。

文中建立一个方式性问句的指示性短语词库，并且假设包含指示性短语的句子一般比较重要。句子的对于指示性短语特征权重为：

$$w_i = \begin{cases} 1 & \text{如果句子中包含指示性短语} \\ 0 & \text{不包含指示性短语} \end{cases} \tag{6-5}$$

其中，当句子中包含预先规定的指示性短语，权重值设置为1；反之，如果不包含指示性短语，那么其权重值设置为0。

（4）生成文摘

把句子的语义、位置、指示性短语等特征融合到一起，形成一个句子的权重，其融合的方式为：

$$w = aw_s + \beta w_p + \lambda w_i \tag{6-6}$$

其中α、β、λ为调节参数，并且$\alpha+\beta+\lambda=1$。

最后，把段落中大于阈值的句子抽取出来，并按照在段落中原来的位置进行生成文摘。

6.5.2.3　基于答案问句语义匹配的答案排序

经过主题段落和基于自动摘要的抽取，“三农”方式性问句的答案已经从检索到的文档中抽取到。然而，文档检索到的相关文档数量比较多，抽取的答案项数量比较多，并且排序还比较混乱。尽管搜索引擎检索的文档按照检索词和文档的相关程度来排序，但没有反映和问句主题的关系，不能按照搜索引擎的顺序返回答案。按照上一节的“三农”动词是句子的中心，本节利用答案中句子的谓语动词和问句中谓语动词的语义相似度来进行答案的排序。生成的答案文摘排序的过程如下。

步骤 1，对问句和候选答案进行句法分析，分别获得问句的谓语动词 Wq 和答案部分的谓语动词集 Wa（Wa_1，Wa_2，…，Wa_n），其中 n 为候选答案中句子的个数。

步骤 2，利用 HowNet 词典计算 Wq 与 Wa 集中所有的谓语动词的相似度 sim（Wq，Wa_i），利用

$$sim(Wq,Wa) = \sum_{i=1}^{n} sim(Wq,Wa_i) \tag{6-7}$$

计算问句和候选答案的相似度。

步骤 3，按照相似度的大小，把候选答案进行排列，如果候选答案的数量超过 5 个，那么就只返回前 5 个答案摘要给用户。

6.6 实验结果及分析

本部分主要验证本书提出的基于 AGROVOC 知识库为基础事实性问句的答案抽取方法、基于线索词的原因性问句的答案抽取方法和基于文摘的方式性问句的答案抽取方法的有效性，包括实验的评价标准和实验结果分析。

6.6.1 评价标准

本书利用准确率和倒数取均值（Mean Reciprocal Rank，MRR）两个性能参数对答案抽取的方法进行评估。准确率是反映能够回答出正确答案方法的性能，其计算方法：

$$P=\frac{\text{答对问题数}}{\text{问题总数}} \tag{6-8}$$

在TREC的答案效果评测中评测指标有MRR的评价标准，MRR反映系统返回正确答案的排序的性能，计算方法：

$$MRR = \frac{1}{n}\sum_{i=1}^{n}\frac{1}{r_i} \tag{6-9}$$

其中，n为测试问句的总数量，r_i为第i个问句返回的答案中第一个正确答案的位置，如果有正确答案出现在返回答案的第一个位置，那么其r_i为1，如果是第二个位置，那么值为1/2，以此类推，如果返回的答案中没有出现答案，r_i的倒数取值为0。

在实验中，对基于知识库的答案抽取其评价采用准确率来评价，后面两个方法的性能采用MRR评价。

6.6.2 实验结果评价

本部分通过一些不同类别的问句进行测试，下文是基于农业知识库的事实性问句、基于线索词的原因性问句和基于摘要方式的答案抽取的实验结果。以下三个实验分别对三个方法进行测试，其中实验2和实验3的答案来源是利用Google检索的前8个检索页面。

（1）实验1 基于农业知识库的答案抽取

本实验为了测试基于农业知识库的答案抽取的效果。由于上一章网络收集“三农”问句主要是农民生产、生活中的现实性问题，AGROVOC中较少有与其对应的概念关系，因此，本书依据AGROVOC知识库搜集的50个问句对其进行测试，表6-4是本实验的测试结果。

表6-4 基于农业知识库的答案抽取的准确率

方法	测试数	正确数	准确率
直接词匹配	50	34	0.68
本书方法	50	46	0.92

表6-4中的准确率表明方法优于直接应用词匹配的方法，主要是由于本书的方法利用关系词和“三农”领域概念的语义关系进行匹配，有效地提高了匹配的准确率。

（2）实验2 基于线索词的原因性问句答案抽取

本实验是测试基于线索词的原因性问句的答案抽取的效果，采用的问句集是上一章在网络上搜集的“三农”原因性问句。

实验中任意选择了50条作为测试集，其中7条问句的答案未出现在Google的前8个检索页面，剩余的43条问句的MRR为0.56，能够满足需求。

（3）实验3 基于语义摘要的方式性问句答案抽取

本实验主要测试基于语义摘要的方式性问句答案抽取的效果，采用的问句集是上一章在网络上搜集的“三农”方式性问句。实验利用国家农业科学数据中心[①]收集的关于栽培、病虫害处理、饲养、疾病处理的文档高频词作为对应的问句类别主题词，其他类别没有收集到相关的文档，本实验中就没有测试。实验中每个类别的都测试了50个问句。

表6-5是栽培、病虫害处理、饲养、疾病处理方式性问句的答案抽取的实验结果，从表中可以看出利用语义方式对摘要排序，可以提高MRR的值，更好地满足用户的需求。

表6-5 基于语义摘要的方式性问句答案抽取的结果

评价结果	栽培（hz）	病虫害处理（hb）	饲养（hs）	疾病处理（hj）
检索前8个包含数目（单位：条）	46	43	47	42
答案未排序的MRR	0.442	0.452	0.426	0.443
答案排序的MRR	0.539	0.516	0.541	0.513

① 国家农业科学共享中心［EB/OL］. http：//animal.agridata.cn/. 2012.2.10.

6.7 本章小结

本章主要研究了“三农”领域的事实性、原因性和方式性问句的答案抽取方式。第一，对于事实性问句，本章提出了基于 AGROVOC 关系组和问句的关系组进行语义匹配，从而得到问句的答案；第二，对于原因性问句，本章基于因果句子中包含原因线索词，提出了利用原因线索词形成模板抽取答案；第三，对于方式性问句，本章利用问句类别主题词抽取主题段落，利用自动摘要的方式进行压缩段落，利用谓语动词语义相似度对答案摘要排序；第四，通过“三农”问句检验本章所提出方法的准确率和 MRR，实验结果表明本章的方法能够满足需求。但是，一方面由于知识库中的概念关系太少，基于农业知识库的方法不能完全满足农民的需求，还需要进一步丰富农业知识库；另一方面，“三农”方式性问句的其他类别需要收集相关的文档，从而抽取问句类的主题词，来完善基于语义摘要的方式性问句的答案抽取。

第7章　面向“三农”问答系统构建实现

面向“三农”问答系统是基于互联网的，包括“三农”FAQ系统和自动问答系统两个子系统，以及用户管理、日志管理和问题统计功能。本系统的实现是基于B/S架构，如果计算机能够链接到互联网，用户就可以利用网络浏览器向系统请求服务。系统的运行同时受到服务器、客户端以及网络环境等因素的影响。本章主要介绍本系统的运行环境，以及系统在构建实现中采用的技术和实现的结果。

7.1　系统运行环境

本节主要详细介绍本系统在运行过程中需要的计算机环境配置，主要是服务器和客户端的环境。

7.1.1　服务器环境

本系统服务器采用Windows Server 2003企业版①+MySQL企业版②+

---

① Windows 2003 [EB/OL]. www. microsoft. com/china/windowsserver. 2003. 2011. 10. 5.

② MySQL [EB/OL]. http://www. mysql. com/. 2011. 10. 5.

Apache Tomcat[①] 服务器架构。

7.1.2 客户端环境

“三农”问答系统采用了 B/S 架构，这种结构下，用户工作界面通过浏览器来实现，但是仅有少部分事务逻辑在浏览器端实现，主要的数据处理和事务逻辑的实现在服务器端进行，这一架构体系可以大大简化客户端计算的运算，减少更新与升级系统所需的运营成本，提高工作效率。因此，系统对于客户端的要求比较低，仅仅要求客户端安装 IE 浏览器，用户使用系统时通过浏览器就可以向服务器发送服务请求。

7.2 系统技术

本节主要详细介绍本系统在实现的过程中所采用 Java、Ajax 编程技术和实现过程中应用的主要开源工具，如相关文档检索的 Google Ajax Search API、网页内容抽取的 HtmlParser。

7.2.1 Java

Java 是一种具有跨平台开发的、面向对象的计算机程序设计语言，是由 Sun Microsystems 公司在 1995 年 5 月推出的，包括 Java EE、Java SE、Java ME 三种不同版本。Java 的实现过程和普通的编译语言和解释语言是有区别的，其实现过程：首先是把源代码编译成不依赖任何操作系统的字节码形式；其次，通过不同计算上的虚拟机来解释执行

---

① Tomcat [EB/OL]. http://tomcat.apache.org/. 2011.10.5.

字节码，从而实现了“一次编译、到处执行”的特性。

JDBC（Java Data Base Connectivity）是应用 Java 程序设计语言编写的执行数据库操作语言的应用程序接口。程序设计者可以通过该接口操作不同公司开发的关系数据库系统。使用 JDBC 需要做三件事：与数据库建立连接（实现过程如图 7-1）、发送 操作数据库的语句并处理结果。图 7-1 是和 MySQL 数据库连接实现的程序片段。

```
//注册 JDBC 驱动程序
Class. forName( " com. mysql. jdbc. Driver" ) ;//加载 mysql 驱动
//数据库连接设置
url = " jdbc:mysql://localhost/test(数据库名)? user = root(用户) &password =
yqs2602555(密码)" ;
```

图 7-1　JDBC 连接 MySQL 数据库

7.2.2　Ajax

Ajax 是 Jesse James Garrett① 用于建立一种快速动态网页的技术，使用它只需与后台服务器交换少量的数据，就可实现网页的异步更新。

图 7-2 说明了 Ajax 技术和服务交互的过程，1 表示浏览器端触发交互事件；2 表示前台对服务器地址、请求方式等请求实例化；3 表示异步请求服务器；4 表示服务器和文件服务器进行交互，并生成返回的数据格式；5 表示服务器返回数据至浏览器；6 表示浏览器响应服务器的返回数据。

Ajax 实际是利用 Java 技术、XML 和 Javascript 技术等结合到一起实现的，HTML 和 CSS 样式用来控制显示的格式，DOM（Document

① Ajax：A New Approach to Web Applications [EB/OL]. http://www.adaptivepath.com/ideas/ajax-new-approach-web-applications. 2011. 10. 5.

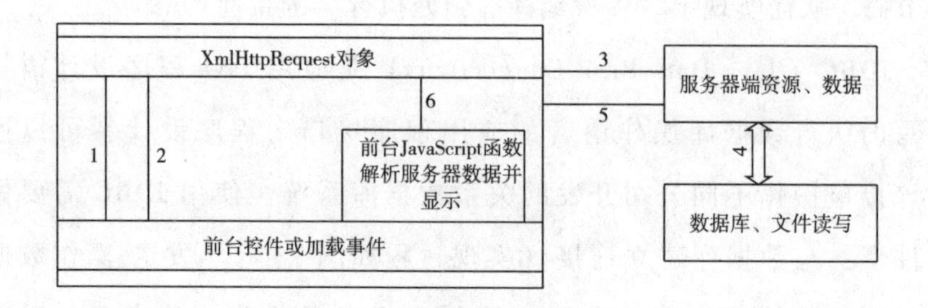

图 7-2 Ajax 与服务器的交互原理

资料来源：洪石丹等：《AJAX 完全自学手册》，机械工业出版社，2009，第 24 页。

Object Model）用来和服务器交换数据，XML 控制数据交换的格式，JavaScript 处理浏览器前台数据。Ajax 技术已经广泛地应用到 Web 应用程序的开发中，如国外的 Google 搜索、国内的新浪博客等。

7.2.3 Google Ajax Search API

Google 是目前国内比较常用的搜索引擎之一，它不仅提供网络搜索，而且还为研究者提供了在应用程序中免费使用的 Google Ajax Search API。该 API 采用 Web Service 技术为应用者提供搜索结果，每次最多返回 64 个结果。Google Ajax Search API 利用 Java 语言程序调用 API，并返回搜索结果。其过程如下。

首先，需要设置 Google 搜索的 Web Service 服务器地址，https：//ajax. googleapis. com/ajax/ services/search/web，并设置相关参数，链接到 Google Ajax Search 服务器。其中 v 表示版本号；q 表示检索词；key 表示 API 的搜索许可号；start 表示开始的记录；language 表示特定搜索语言代码，中文语言代码为“ZH-CN”，由于本书主要是在中文环境下进行研究的，其值就设置为中文的代码。设置过程如图 7-3。

其次，在 Web 服务器接受 Google Web Service 返回的 JSON① 形式的结果。

最后，在服务器上解析 JSON 数据。

```
String service = "https://ajax.googleapis.com/ajax/services/search/web";//服务器
String q;//检索词
String language="ZH-CN";//语言设置
String key;//API 的许可号
URL url=new URL(service+"? v=1.0&q="+q+"&key="+key+"&language="+
language);//url 设置
URLConnection connection = url.openConnection();//连接服务器
```

图 7-3　Google Ajax Search 调用设置

本书中利用 Google Ajax Search API 检索互联网上的 Web 文档，也即实现“三农”自动问答系统信息检索功能。

7.2.4　HtmlParser

HtmlParser② 是以 Java 语言编写的用来解析 HTML 页面的库文件，是一个开放源码的项目，主要用来分析和解析 HTML 文件。它主要有信息抽取和信息转换两个功能。信息抽取主要对 HTML 文档的文本、链接，以及资源信息进行抽取，信息转换主要把 HTML 文档转换成为格式文档。

本书利用 HtmlParser 分析页面文档，抽取页面中的正文内容，为“三农”自动问答系统中的方式性问句和原因性问句答案查找和抽取打基础。

---

① JSON（Java Script Object Notation）是由 Douglas Crockford 提出并开发的，它属于一种轻量级的数据交换格式，适合于服务器与 Java Script 之间的交互。JSON 属于基于纯文本的数据格式，这样它就可以为网页交互提供基本的数据交互格式。

② HtmlParser [EB/OL]. http://htmlparser.sourceforge.net/. 2011. 10. 5.

7.3 系统的设计构建与实现

面向“三农”问答系统是一个针对农民的信息服务系统，以前的章节是关于系统实现过程的知识组织、FAQ和自动问答的关键技术实现的方法，本节从软件工程方面来详细阐述系统逻辑结构设计和系统实现的效果，在设计和实现的过程中遵循实用性、可靠性、开放性、安全性、易管理维护性、可扩展性原则。[①]

7.3.1 系统逻辑结构设计

7.3.1.1 系统用例图

用例是从系统外部可见的行为，是系统为参与者提供的一段完整的服务，用例图的最主要功能就是用来表达系统的功能性需求或行为[②]。以下主要介绍普通用户、注册用户和管理员的用例，分析系统实现的功能。

普通用户是所有登录网站的人员，图7-4是该类用户的用例图，图中表明该类用户的主要需求包括注册、FAQ检索、自动问答检索、浏览统计等。FAQ检索是用户通过FAQ系统获取查找相关问句的答案；自动问答检索是系统通过Web网络查询问题的答案；浏览统计是能够获得浏览问题的统计数据；用户通过系统的注册功能就能转换为注册用户，从而享有其他的功能。FAQ检索、自动问答检索和浏览统计是面向“三农”问答系统的基本功能。

注册用户是通过管理员认证的用户，图7-5是该类用户的用例

① 朱鹏：《农村智能信息服务系统构建及关键技术研究》，南京大学，2011。

② 蔡敏、徐慧慧等：《UML基础与Rose建模教程》，人民邮电出版社，2006。

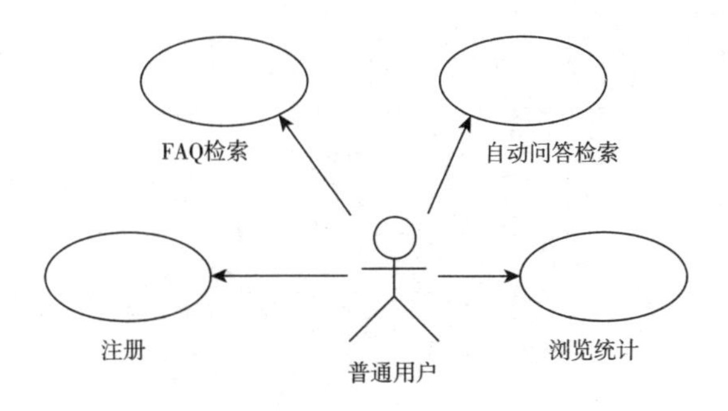

图 7-4 普通用户用例

图。和普通用户相比，注册用户具有 FAQ 数据录入功能，就是能够向 FAQ 系统的问句答案库中添加数据项，从而不断丰富、完善数据库的内容。

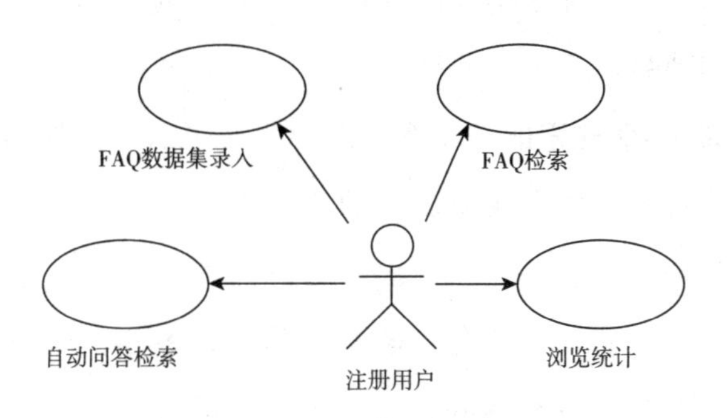

图 7-5 注册用户用例

系统管理员是面向“三农”问答系统的管理人员，图 7-6 是该类用户的用例图。图 7-6 说明该类用户主要是服务器端的设置和管理，主要需求包括数据库管理、用户管理和系统设置，数据库管理主要是数据备份、迁移和维护。

7.3.1.2 系统时序图设计

为了清晰地说明本系统的工作流程，本节主要利用时序图来解释 FAQ 系统和 Web 自动问答系统的各个模块之间的逻辑关系和消息传递关系。

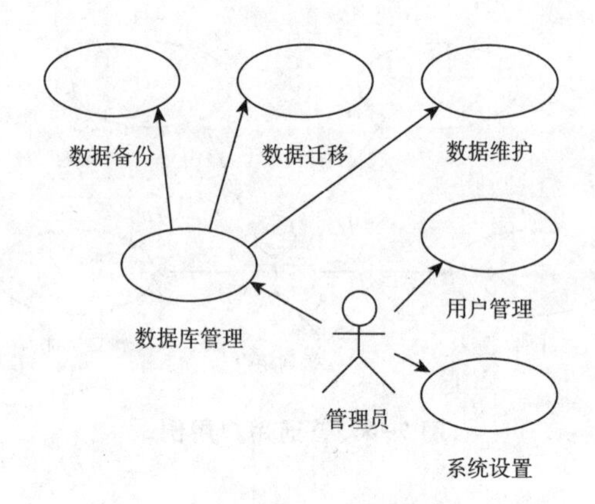

图 7-6　系统管理员用例

时序图①是显示对象之间的消息交互的顺序序列图，对象是按照时间顺序排列，是一种 UML 行为图。时序图中包括角色、对象、生命线、激活期和消息。

图 7-7 是 FAQ 检索的时序图，图中表明了从用户提问到显示答案的整个过程。首先，用户在浏览器的检索界面用自然语言输入检索内容，并把内容提交到服务器；其次，服务器端对问句进行分析并读取 FAQ 问答对集合；再次，将其一起提供给混合策略检索模块，该模块根据本书的匹配策略进行匹配，查询到较优的答案；最后，从数据库中查询到最佳的答案，返回给用户。

图 7-8 是 Web 自动问答系统的时序图（时序图中不包含基于知识库的答案抽取），图中表明了从用户提问、Web 检索相关文档和答案抽取到返回给用户答案的整个流程。首先，用户采用自然语言的方式输入问句，同时把问句提交到服务器；其次，服务器对问句进行处理，包括用于检索的关键字抽取和问句类别的确定，同时把关键字传输给 Web 检索系统和把问句类别传输给答案抽取模块；再

① 蔡敏、徐慧慧等：《UML 基础与 Rose 建模教程》，人民邮电出版社，2006。

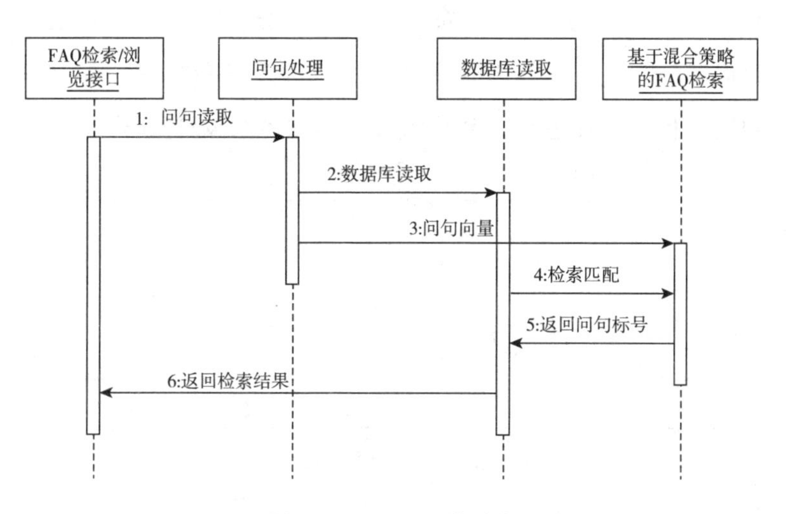

图 7-7　FAQ 系统时序

次，页面处理模块对 Html 页面进行处理，抽取页面的内容，并传给答案抽取模板；最后，答案抽取模块依据答案类型从页面内容中抽取答案，返回给用户。

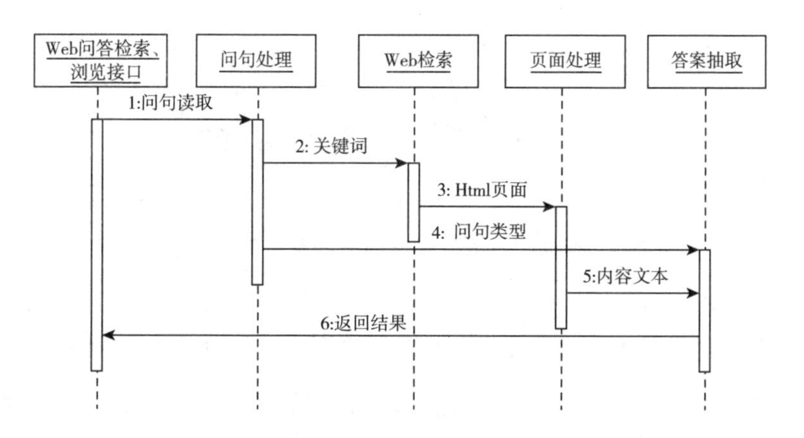

图 7-8　Web 自动问答系统时序

7.3.1.3　系统体系结构

依据用例图体现的系统功能和时序图表示的系统流程，本系统采用 MVC 模型把整个面向“三农”问答系统分为三层：交互层、业务层和数据层。三层架构的方式有利于系统的开发和扩展。本书采用模块化和结构化的设计思路，系统的整体架构体系设计如图 7-9。

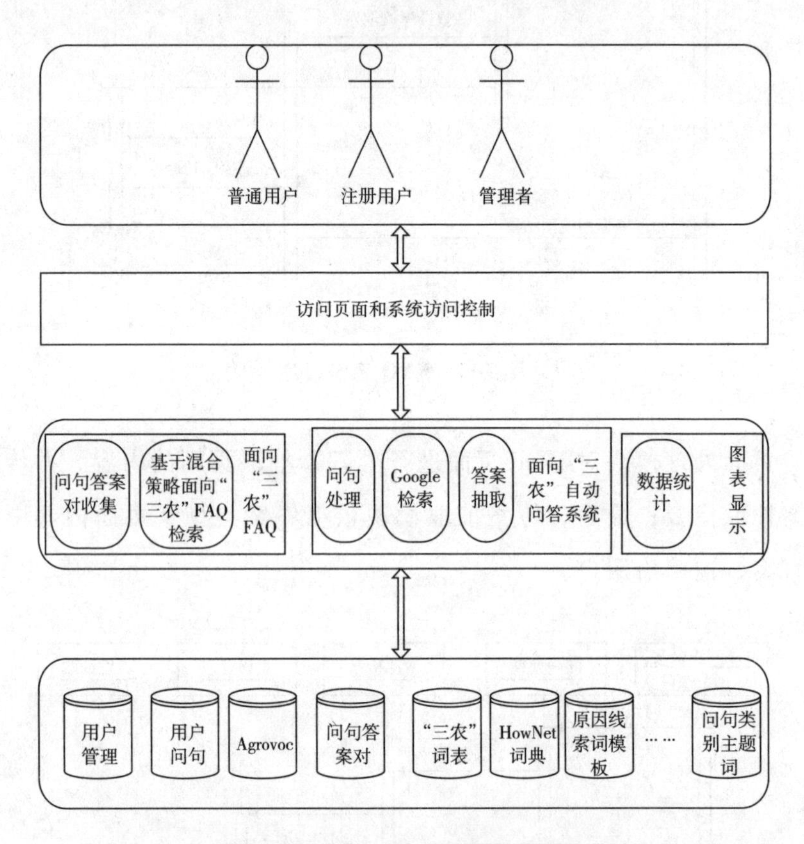

图 7-9　面向“三农”问答系统的整体架构体系设计

系统的交互层，主要提供用户访问系统和浏览答案的接口，从而实现系统对用户的访问控制，通过问答系统的检索界面实现；业务层主要针对不同的答案抽取方式实现对于用户的问句进行数据业务处理，本系统主要包括，FAQ 系统的匹配检索、自动问答的问句分析、Web 检索、答案抽取和相关数据统计，完成数据处理功能，该层是系统的核心；数据层主要是对各类数据资源进行存储管理，包括 FAQ 问题答案对和“三农”知识库，为整个系统提供数据支撑。

7.3.2　系统实现

本系统以中文信息处理、面向“三农”问答系统的逻辑设计和系统设计的技术为基础，结合“三农”概念簇、混合策略的“三农”FAQ 系统的方法、“三农”问句分类和“三农”问答系统答案抽取的方法，实现了面向“三农”问答系统的原型系统。以下内容描述该系统的 FAQ 系统、面向“三农”自动问答系统和数据统计系统的运行情况。

（1）面向“三农”FAQ 系统实现

图 7-10 是面向“三农”问答系统的 FAQ 系统的问句答案对收集的页面，本页面需要注册用户登录系统，然后登录到该页面，用户只要在页面的问题和答案的文本框输入正确的问句和答案提交到服务器，服务器就会对问句进行 LSA 处理并将其保存到数据库。

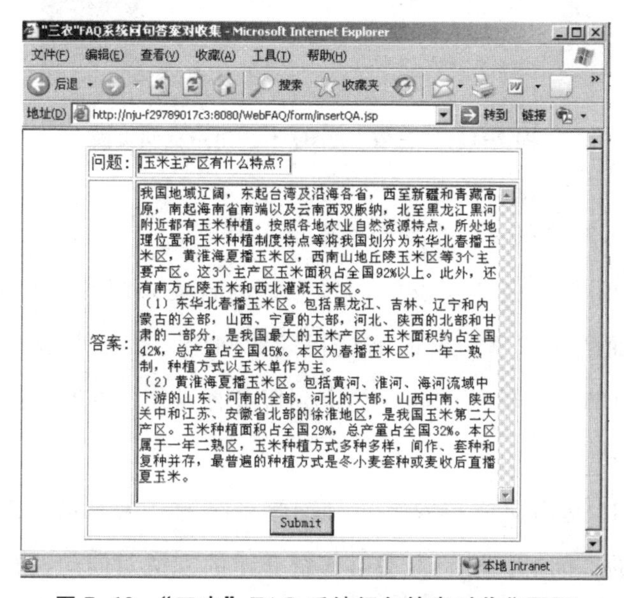

图 7-10　“三农”FAQ 系统问句答案对收集页面

图 7-11 是面向“三农”问答系统的 FAQ 系统的用户提问问句的页面，本页面有一个问句输入的文本框，问句输入采用 Ajax 技术，根据用户的输入自动返回与用户输入相匹配的问句。面向“三农”FAQ 系统的实现过程依据 FAQ 系统的时序图（如图 7-7）实现。

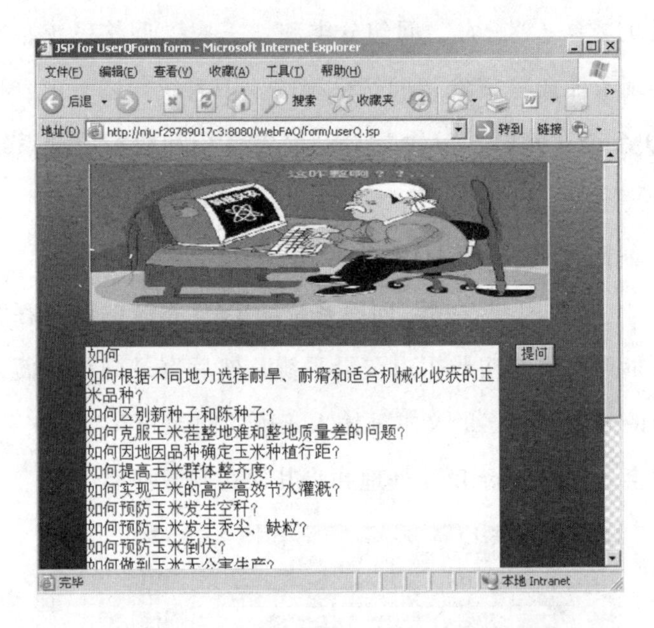

图 7-11 “三农”FAQ 系统用户提问页面

（2）面向“三农”自动问答系统实现

图 7-12 是面向“三农”问答系统的自动系统的用户检索页面。用户在页面的文本框中输入需要提问的问题，然后点击“提问”按钮，系统就将用户输入的问题提交到服务器端。“重置”按钮用于清空文本框的内容。

图 7-13 是面向“三农”自动问答系统的结果显示页面。服务器接受用户的提问后，按照本书第 5 章介绍的方法对问句进行分类分析和关键词抽取，然后利用 Google 搜索引擎提供的 API 检索互联网相关

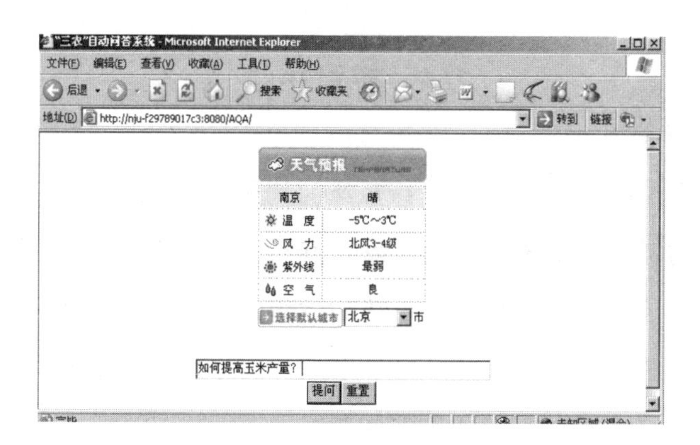

图 7-12 “三农”自动问答系统检索页面

页面，然后对页面进行预处理，而后利用本书第 6 章的方法抽取答案。面向“三农”自动问答系统的实现过程依据 Web 自动问答系统的时序图（如图 7-8）实现。

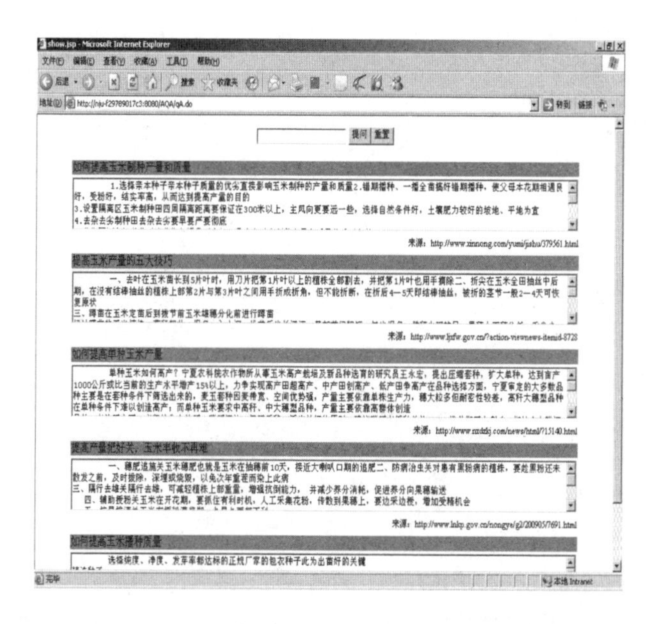

图 7-13 “三农”自动问答系统检索结果页面

7.4 本章小结

本章介绍面向“三农”问答系统的构建和实现。首先，介绍了本系统运行的环境和系统实现的技术；其次，利用系统用例图、时序图和系统体系结构图详细阐述了系统的逻辑结构设计，并展示了系统实现情况。从系统实现可以看出，本书设计的系统能够自动帮助用户查找并回答与“三农”领域相关的问题。

第 8 章　结束语

进入 21 世纪以来，现代信息技术逐渐地影响着我国农民生产、生活的方方面面，政府也在农村的信息基础设施建设和信息资源建设方面取得了一定的成绩。但是，我国农村信息化服务起步比较晚，相对比较落后，因此，如何使信息技术为农民提供高效的服务，成为目前一个需要解决的问题。本书的工作正是基于此问题，利用中文信息处理问答系统和“三农”领域知识，来构建一个面向“三农”的问答系统，方便用户获取所需的“三农”信息资源。

8.1　本书工作和创新之处

本书从“三农”领域知识和用户的“三农”信息需求出发，构建了一个面向“三农”问答系统，其中主要贡献和创新之处包括下面几点。

(1) 在受限域的问答系统的研究中，领域知识对系统的影响是非常重要的，本书提出了“三农”概念簇的概念（“三农”概念簇是具有相同属性概念的聚集），及语义的特征概念。文中利用“三农”概念簇组织“三农”领域的知识，将其应用于面向“三农”问答系统中的计算“三农”领域词语的相似度，并作为分类特征。“三农”概念簇能够满足系统中“三农”知识表示的需求。

(2) 在FAQ问答系统检索匹配中，本书采用不同方法计算用户提问问句和常见问题集中的问句和答案两部分的相似度，并基于混合策略的方式计算问句和问句答案对的相似度，实验中表明基于混合策略方案的整体效果优于其他的方法。将LSA引入问句和答案的相似度计算是本书的一个应用创新。

(3) 本书将疑问词、HowNet义原和“三农”概念簇作为问句分类的特征。由于“三农”概念簇表示具有相同属性的一组词语，且数量较少；HowNet义原表示事物的本质，代表词语的语义，且数量远少于词语的数量。因此，和利用词语作为特征相比，本书的特征能够有效地提高语义的覆盖面，并降低“三农”问句分类特征维度。

(4) 本书构建了“三农”问句分类体系，并且针对不同分类体系的两个层次，设计了基于模板的“三农”问句粗分类和基于SVM的“三农”问句精细分类的算法。实验表明这两个算法能够有效地满足系统需求。

(5) 在答案抽取方面，本书针对不同类型的问句，设计了不同的抽取方法。利用基于HowNet和“三农”领域的概念知识匹配问句和“三农”知识库，从而获得事实性问句的答案；将自动摘要技术与“三农”领域知识、方式性问句答案的主题词三者相结合也是本书在答案抽取方面的应用创新。

8.2 研究不足及后续研究展望

充分地利用现有的信息技术，并结合“三农”领域知识，更好地解决信息服务方面的问题是本书研究的宗旨。自然语言的问答系统是信息检索的一个新的研究领域，把其应用到“三农”领域能够有效地提高信息资源的利用率，更好地为农民服务。虽然本书从几个重要的关键技术进行研究，取得一些成效，但是由于能力和研究条件的限制，在系统实现的过程中还存在不足之处，希望能在后续的研究中进行更深入地探讨和研究，主要包括以下两个方面。

（1）在句子的处理中，需要进一步考虑未登录词的识别

分词是中文信息处理的基础，本书在实验中，分词处理都是基于词典进行的，导致了词典中未登录的词语被切分，引起分类的错误。以后需要在分词处理时，加入领域知识的命名实体的处理，从而降低分词错误对系统性能的影响。

（2）研究自动知识库的构建和完善方式性类别问句的答案抽取

本书事实性问句的答案抽取实验表明 AGROVOC 知识库中概念之间的关系不能完全描述概念之间的关系。但是，在网络的文档中，包含大量关于概念之间的关系，如何从这些文档中自动抽取概念关系是以后需要研究的工作。另外，在抽取方式性问句答案的实验中，主要抽取栽培、病虫害处理、饲养、疾病处理类别的主题词，还需要完善其他方式性类别答案抽取所需要的主题词。

8.3　本章小结

本章主要对全文的研究工作进行了系统的总结，分析了我们研究工作的创新之处，阐述了研究的不足，并对后续研究工作进行了展望。总体来说，本书通过受限域的问答系统理论研究和技术开发相结合，构建了面向“三农”的问答系统。本系统能为人们提供良好的“三农”信息服务，对我国农村的信息化建设是具有积极意义的。

参考文献

[1] Athenikos S. J., Han H.. Biomedical question answering: A survey [J]. Computer Methods and Programs in Biomedicine, 2010, 1: 1-24.

[2] Burke R. D., Hammond K. J., Kulyukin V., et al.. Question answering from frequently asked question files: Experiences with the FAQ FINDER system [J]. AI Magazine, 1997, 2: 57-66.

[3] Buscaldi D., Rosso P., José M. G. S., et al.. Answering questions with an n-gram based passage retrieval engine [J]. Journal of Intelligent Information Systems, 2010, 2: 113-134.

[4] Cao Y. G., Cimino J. J., Ely J., et al.. Automatically extracting information needs from complex clinical questions [J]. Journal of Biomedical Informatics, 2010, 6: 962-971.

[5] Cao Y. G., Liu F. F., Simpson P., et al.. AskHERMES: An online question answering system for complex clinical questions [J]. Journal of Biomedical Informatics, 2011, 2: 277-288.

[6] Chilimo W. L., Ngulube P., Stilwell C.. Information Seeking Patterns and Telecentre Operations: A Case of Selected Rural Communities in Tanzania [J]. International Journal of Libraries and

Information Services, 2011, 1: 37-49.

[7] Dornescu I.. Semantic QA for Encyclopaedic Questions: EQUAL in GikiCLEF [C]. Multilingual Information Access Evaluation I: Text Retrieval Experiments, 2009: 326-333.

[8] Etzioni, O., Cafarella M., Downey D., et al.. Unsupervised named-entity extraction from the Web: An experimental study [J]. Artificial Intelligence, 2005, 1: 91-134.

[9] Jahr E.. Teaching children with autism to answer novel wh-questions by utilizing a multiple exemplar strategy [J]. Research in Developmental Disabilities, 2001, 5: 407-423.

[10] Kim,J. D., Yamamoto Y., et al.. Natural Language Query Processing for Life Science Knowledge [C]. The 6th international conference on Active media technology, 2010: 158-165.

[11] Lin, J., Katz B.. Building a reusable test collection for question answering [J]. Journal of the American Society for Information Science and Technology, 2006, 7: 851-861.

[12] Molla D., Vicedo J. L.. Question answering in restricted domains: An overview [J]. Computational Linguistics, 2007, 1: 41-61.

[13] Moriceau V., Tannier X.. FIDJI: using syntax for validating answers in multiple documents [J]. Information Retrieval, 2010, 5: 507-533.

[14] Pan Y., Tang Y., Luo Y. M., et al.. Question Classification Using Profile Hidden Markov Models [J]. International Journal on Artificial Intelligence Tools, 2010, 1: 121-131.

[15] Penas,A., Forner P., Sutcliffe R., et al.. Overview of ResPubliQA 2009: Question Answering Evaluation over European Legislation

[C]. Multilingual Information Access Evaluation I: Text Retrieval Experiments, 2010: 174-196.

[16] Qiu J., Liao L. J., Hao J. K.. Chinese Question Retrieval System Using Dependency Information [C]. The 6th international conference on Active media technology, 2010: 288-295.

[17] Quan, X. J., Liu G., Lu Z., et al.. Short text similarity based on probabilistic topics [J]. Knowledge and Information Systems, 2010, 3: 473-491.

[18] Quan X. J., Liu W. Y., Qiu B. T.. Term Weighting Schemes for Question Categorization [J]. IEEE Transactions on Pattern Analysis and Machine Intelligence, 2011, 5: 1009-1021.

[19] Shah C., Pomerantz J.. Evaluating and Predicting Answer Quality in Community QA [C]. Proceedings of the 33rd Annual International Acm Sigir Conference on Research Development in Information Retrieval, 2010: 411-418.

[20] Silva J., Coheur L., Mendes A. C., et al.. From symbolic to sub-symbolic information in question classification [J]. Artificial Intelligence Review, 2011, 2: 137-154.

[21] Song W. P., Liu W., Gu N. J., et al.. Automatic categorization of questions for user-interactive question answering [J]. Information Processing & Management, 2011, 2: 147-156.

[22] Takahashi A., Takasu A., Adachi J.. Language Model Combination for Community-based Q&A Retrieval [C]. 22nd International Conference on Tools with Artificial Intelligence, 2010: 241-248.

[23] Turmo J., Comas P. R., Rosset S., et al., Overview of QAST 2009 [C]. The 10th cross-language evaluation forum conference on

Multilingual information access evaluation: text retrieval experiment, 2009: 197-211.

[24] Vargas-Vera M., Lytras M.D.. AQUA: hybrid architecture for question answering services [J]. IET Software, 2010, 4 (6): 418-433.

[25] Verberne S., Hans H., Theijissen D., et al.. Learning to rank for why-question answering [J]. Information Retrieval, 2011, 2: 107-132.

[26] Vicente-Diez M.T., Pablo-Sánchez C.D., Martínez P., et al.. Are Passages Enough? The MIRACLE Team Participation in QA @ CLEF2009 [C]. 10th cross-language evaluation forum conference on multilingual information access evaluation: text retrieval experiments, 2009: 281-288.

[27] Vila K.. Model-Driven Knowledge-Based Development of Expected Answer Type Taxonomies for Restricted Domain Question Answering [C]. The 2nd International Workshop on Business intelligencE and the WEB, 2011: 107-118.

[28] Wang K., Min Z.Y., Hu X., et al.. Segmentation of Multi-Sentence Questions: Towards Effective Question Retrieval in cQA Services [C]. Sigir 2010: Proceedings of the 33rd Annual International Acm Sigir Conference on Research Development in Information Retrieval, 2010: 387-394.

[29] Wu M.J., Marian A.. A framework for corroborating answers from multiple web sources [J]. Information Systems, 2011, 2: 431-449.

[30] Yu Z.T., Su L., Li L.N., et al.. Question classification based on

co-training style semi-supervised learning [J]. Pattern Recognition Letters, 2010, 13: 1975-1980.

[31] Zhang, Z. F., Li Q. D.. Question Holic: Hot topic discovery and trend analysis in community question answering systems [J]. Expert Systems with Applications, 2010, 6: 6848-6855.

[32] Caponigro I., Davidson K.. Ask, and tell as well: Question-Answer Clauses in American Sign Language [J]. Natural Language Semantics, 2011, 4: 323-371.

[33] Chali Y., Hasan S. A., Joty S. R.. Improving graph-based random walks for complex question answering using syntactic, shallow semantic and extended string subsequence kernels [J]. Information Processing & Management, 2010, 6: 843-855.

[34] Fichman P.. A comparative assessment of answer quality on four question answering sites [J]. Journal of Information Science, 2011, 5: 476-486.

[35] Kolomiyets O., Moens M. F.. A survey on question answering technology from an information retrieval perspective [J]. Information Sciences, 2011, 24: 5412-5434.

[36] Liu F., Antieau L. D., Yu H.. Toward automated consumer question answering: Automatically separating consumer questions from professional questions in the healthcare domain [J]. Journal of Biomedical Informatics, 2011, 6: 1032-1038.

[37] Lloret E., LIorens H., Moreda P., et al.. Text Summarization Contribution to Semantic Question Answering: New Approaches for Finding Answers on the Web [J]. International Journal of Intelligent Systems, 2011, 12: 1125-1152.

[38] Lloret E., Palomar M.. Text summarisation in progress: a literature review [J]. Artificial Intelligence Review, 2011, 1: 1-41.

[39] Moens M., Saint-Dizier P.. Introduction to the special issue on question answering [J]. Information Processing & Management, 2011, 6: 805-807.

[40] Monz C.. Machine learning for query formulation in question answering [J]. Natural Language Engineering, 2011, 4: 425-454.

[41] Moreda P., LIorens H., Saquete E., et al.. Combining semantic information in question answering systems [J]. Information Processing & Management, 2011, 6: 870-885.

[42] Moschitti A., Quarteroni S.. Linguistic kernels for answer re-ranking in question answering systems [J]. Information Processing & Management, 2011, 6: 825-842.

[43] Oh H. J., Myaeng S. H., Jang M. G.. Effects of answer weight boosting in strategy - driven question answering [J]. Information Processing & Management, 2012, 1: 83-93.

[44] Saint-Dizier P., Moens M. F.. Knowledge and reasoning for question answering: Research perspectives [J]. Information Processing & Management, 2011, 6: 899-906.

[45] Tellez-Valero A., Manuel M. Luis V., et al.. Learning to select the correct answer in multi-stream question answering [J]. Information Processing & Management, 2011, 6: 856-869.

[46] Wang D.. Answering contextual questions based on ontologies and question templates [J]. Frontiers of Computer Science in China, 2011, 4: 405-418.

[47] Zhang Z., Li Q., Zeng D.. Mining Evolutionary Topic Patterns in

Community Question Answering Systems [J]. IEEE Transactions on Systems Man and Cybernetics Part a-Systems and Humans, 2011, 5: 828-833.

[48] Cruz C. M., Urrea A. M.. Extractive summarization based on word information and sentence position [A]. Gelbukh A.. Computational Linguistics and Intelligent Text Processing, 2005: 653-656.

[49] Hahn U., Mani I.. The challenges of automatic summarization [J]. IEEE Computer, 2000, 11: 29-36.

[50] Hashmi A., Berry H., Temam O., et al.. Automatic Abstraction and Fault Tolerance in Cortical Microachitectures [C]. Isca 2011: Proceedings of the 38th Annual International Symposium on Computer Architecture, 2011: 1-10.

[51] Hu P., He T., Ji D., et al.. A study of Chinese text summarization using adaptive clustering of paragraphs [C]. Fourth International Conference on Computer and Information Technology, 2004: 1159-1164.

[52] Johnson D. B., Zou Q., Dionisio J. D., et al.. Modeling medical content for automated summarization [A]. Techniques in Bioinformatics and Medical Informatics, 2002: 247-258.

[53] Lee C. B., Kimd M. S., Park H. R.. Automatic summarization based on principal component analysis [A]. Progress in Artificial Intelligence, 2003: 409-413.

[54] Paice C. D.. Automatic summarization. Computational Linguistics, 2002, 2: 221-223.

[55] Saggion H., Lapalme G.. Summary generation and evaluation in SumUM [A]. Advances in Artificial Intelligence, 2000: 329-338.

[56] Salton G., Singhal A., Mitra M., et al.. Automatic text structuring and summarization [J]. Information Processing & Management, 1997, 2: 193-207.

[57] Sparck-Jones K., Endresniggemeyer B.. Automatic Summarizing-introduction [J]. Information Processing & Management, 1995, 5: 625-630.

[58] Unruh, A., Washington R., Rosenbloom P.. A framework for automatic abstraction [A]. Ghallab M., Milani A.. New Directions in Ai Planning, 1996, 203-216.

[59] 杨晓蓉:《分布式农业科技信息共享关键技术研究与应用》，博士学位论文，中国农业科学院，2011。

[60] 谢坤生、唐克俭:《农业信息资源的特点、分布及其网络建设》，《图书情报工作》1999年第1期，第60~62页。

[61] 孙芸、黄世祥:《我国农业信息化服务体系建设的制约因素及路径选择》，《调研世界》2004年第8期，第24~26页。

[62] 张峻峰、罗长寿、孙素芬等:《网络农业信息标准化问题思考》，《中国农学通报》2011年第1期，第461~465页。

[63] 赵静娟、郑怀国、崔运鹏:《面向农村的统一信息服务研究》，《安徽农业科学》2009年第28期，第13946~13947、13956页。

[64] 史国滨、王熙:《农业信息资源整合模式探讨》，《安徽农业科学》2011年第7期，第4207~4208、4213页。

[65] 叶飞、夏立新、王俊:《基于主题图的农村村级电子政务信息门户系统研究》，《图书情报工作》2010年第8期，第29~32、20页。

[66] 朱学芳、朱鹏:《农村信息资源共建服务系统设计与实现研究》，《吉林农业》2011年第9期，第38~39页。

[67] 赵兰荣、朱学芳：《基于链接分析对我国农业网站建设的研究》，《科技情报开发与经济》2011 年第 11 期，第 110~112 页。

[68] 赵兰荣、朱学芳：《基于元搜索的农业信息可视化平台实现研究》，《农业图书情报学刊》2011 年第 12 期，第 5~8、11 页。

[69] 朱学芳、冯曦曦：《面向农业主题搜索引擎设计与实现》，《安徽农业科学》2011 年第 35 期，第 22183~22186 页。

[70] 刘群、张华平、俞鸿魁等：《基于层叠隐马模型的汉语词法分析》，《计算机研究与发展》2004 年第 8 期，第 1421~1429 页。

[71] 陈桂林、王永成、韩客松等：《一种改进的快速分词算法》，《计算机研究与发展》2000 年第 4 期，第 418~424 页。

[72] 俞鸿魁、张华平、刘群等：《基于层叠隐马尔可夫模型的中文命名实体识别》，《通信学报》2006 年第 2 期，第 87~94 页。

[73] 孙茂松、肖明、邹嘉彦：《基于无指导学习策略的无词表条件下的汉语自动分词》，《计算机学报》2004 年第 6 期，第 736~742 页。

[74] 曹勇刚、曹羽中、金茂忠等：《面向信息检索的自适应中文分词系统》，《软件学报》2006 年第 3 期，第 356~363 页。

[75] 骆正清、陈增武、王泽兵等：《汉语自动分词研究综述》，《浙江大学学报》（自然科学版）1997 年第 3 期，第 306~312 页。

[76] 吴应良、韦岗、李海洲等：《一种基于 N-gram 模型和机器学习的汉语分词算法》，《电子与信息学报》2001 年第 11 期，第 1148~1153 页。

[77] 刘水、李生、赵铁军等：《头驱动句法分析中的直接插值平滑算法》，《软件学报》2009 年第 11 期，第 2915~2924 页。

[78] 孙宏林、俞士汶：《浅层句法分析方法概述》，《当代语言学》2000 年第 2 期，第 74~83 页。

［79］周强、孙茂松、黄昌宁等：《汉语句子的组块分析体系》，《计算机学报》1999年第11期，第1158~1165页。
［80］周强、孙茂松、黄昌宁等：《汉语最长名词短语的自动识别》，《软件学报》2000年第2期，第195~201页。
［81］周强、黄昌宁：《基于局部优先的汉语句法分析方法》，《软件学报》1999年第1期，第1~6页。
［82］徐延勇、周献中、井祥鹤等：《基于最大熵模型的汉语句子分析》，《电子学报》2003年第11期，第1608~1612页。
［83］刘挺、马金山、李生等：《基于词汇支配度的汉语依存分析模型》，《软件学报》2006年第9期，第1876~1883页。
［84］刘海涛、赵怿怡：《基于树库的汉语依存句法分析》，《模式识别与人工智能》2009年第1期，第17~21页。
［85］孟遥、李生、赵铁军等：《四种基本统计句法分析模型在汉语句法分析中的性能比较》，《中文信息学报》2003年第3期，第1~8页。
［86］代印唐、吴承荣、马胜祥等：《层级分类概率句法分析》，《软件学报》2011年第2期，第245~257页。
［87］曹海龙、赵铁军、李生等：《基于中心驱动模型的宾州中文树库（CTB）句法分析》，《高技术通讯》2007年第1期，第15~20页。
［88］王继成、武港山、周源远等：《一种篇章结构指导的中文Web文档自动摘要方法》，《计算机研究与发展》2003年第3期，第398~405页。
［89］耿焕同、蔡庆生、赵鹏等：《一种基于词共现图的文档自动摘要研究》，《情报学报》2005年第6期，第651~656页。
［90］王永成、许慧敏：《OA-1.4版中文自动摘要系统》，《高技术通

讯》1998 年第 1 期，第 19~23 页。

[91] 陈燕敏、王晓龙、刘秉权等:《多知识源融合的自动摘要系统研究与实现》,《高技术通讯》2006 年第 4 期，第 337~341 页。

[92] 谭翀、陈跃新:《自动摘要方法综述》,《情报学报》2008 年第 1 期，第 62~68 页。

[93] 王建会:《中文信息处理中若干关键技术的研究》，博士学位论文，复旦大学，2004。

[94] 刘德荣、王永成、刘传汉等:《基于主题概念的多文档自动摘要研究》,《情报学报》2005 年第 1 期，第 69~74 页。

[95] 黄水清、李志燕、梁刚等:《面向计算机类文献的自动摘要系统的研究与实现》,《图书与情报》2006 年第 3 期，第 93~97 页。

[96] 江开忠、李子成、顾君忠等:《基于用户兴趣的文本摘要方法研究》,《计算机应用》2007 年第 2 期，第 459~462、465 页。

[97] 刘兴林、郑启伦、马千里等:《一种基于主题词集的自动文摘方法》,《计算机应用研究》2011 年第 4 期，第 1322~1324 页。

[98] 蒋昌金、彭宏、陈建超等:《基于主题词权重和句子特征的自动文摘》,《华南理工大学学报（自然科学版）》2010 年第 7 期，第 50~55 页。

[99] 李蕾、钟义信、郭祥昊等:《面向特定领域的理解型中文自动文摘系统》,《计算机研究与发展》2000 年第 4 期，第 493~497 页。

[100] 王志琪、王永成、刘传汉等:《论自动文摘及其分类》,《情报学报》2005 年第 2 期，第 214~221 页。

[101] 张志昌、张宇、刘挺等:《基于话题和修辞识别的阅读理解 why 型问题回答》,《计算机研究与发展》2011 年第 2 期，第 216~223 页。

[102] 赵全东、王芳、任力生:《农业智能问答系统中的用户偏好研究》,《河北农业大学学报》2011 年第 1 期,第 127~130 页。

[103] 张巍、陈俊杰:《浅层语义分析及 SPARQL 在问答系统中的应用》,《计算机工程与应用》2011 年第 2 期,第 118~120 页。

[104] 张中峰、李秋丹:《社区问答系统研究综述》,《计算机科学》2010 年第 11 期,第 19~23 页。

[105] 田卫东、高艳影、祖永亮:《基于自学习规则和改进贝叶斯结合的问题分类》,《计算机应用研究》2010 年第 8 期,第 2869~2871 页。

[106] 卜文娟、张蕾:《基于概念图的中文 FAQ 问答系统》,《计算机工程》2010 年第 14 期,第 29~31 页。

[107] 贾君枝、王永芳、李婷:《面向农民的问答系统问句处理研究》,《现代图书情报技术》2010 年第 5 期,第 43~49 页。

[108] 张琳、胡杰:《FAQ 问答系统句子相似度计算》,《郑州大学学报》(理学版)2010 年第 1 期,第 57~60 页。

[109] 曹均阔、黄萱菁:《基于依赖关系的定义类问题回答系统》,《自动化学报》2009 年第 11 期,第 1429~1435 页。

[110] 罗长寿、张峻峰、孙素芬等:《基于改进 VSM 的农业实用技术自动问答系统研究》,《安徽农业科学》2009 年第 28 期,第 13948~13950 页。

[111] 孙素芬、罗长寿、魏清凤:《Web 农业实用技术自动问答系统设计实现》,《现代图书情报技术》2009 年第 7/8 期,第 70~78 页。

[112] 董晓霞、滕桂法、王芳等:《基于本体的农业信息服务系统》,《农机化研究》2009 年第 6 期,第 137~140 页。

[113] 钟敏娟、万常选、刘爱红:《基于词共现模型的常问问题集的

自动问答系统研究》，《情报学报》2009 年第 2 期，第 242~247 页。

[114] 李茹、王文晶、梁吉业等：《基于汉语框架网的旅游信息问答系统设计》，《中文信息学报》2009 年第 2 期，第 34~40 页。

[115] 周宽久、吕玉鹏、古华贞：《基于本体的急救知识移动问答研究》，《情报学报》2009 年第 1 期，第 121~127 页。

[116] 王芳、滕桂法、赵洋等：《基于本体的农业问答系统研究》，《农机化研究》2009 年第 1 期，第 42~45 页。

[117] 李辉、张琦、卢湖川等：《基于知网的中文常问问答系统》，《计算机工程》2008 年第 23 期，第 62~64、67 页。

[118] 贾君枝、毛海飞：《汉语框架网络问答系统问句处理研究》，《图书情报工作》2008 年第 10 期，第 55~57 页。

[119] 贾君枝、郈杨芳：《汉语框架网络问答系统的问句分析设计与实现》，《现代图书情报技术》2008 年第 6 期，第 11~15 页。

[120] 孙昂、江铭虎、贺一帆等：《基于句法分析和答案分类的中文问答系统》，《电子学报》2008 年第 5 期，第 833~839 页。

[121] 胡宝顺、王大玲、于戈等：《基于句法结构特征分析及分类技术的答案提取算法》，《计算机学报》2008 年第 4 期，第 662~676 页。

[122] 杨思春、陈家骏：《中文自动问答中句子相似度计算研究》，《情报学报》2008 年第 27（1）期，第 35~41 页。

[123] 余正涛、毛存礼、邓锦辉等：《基于模式学习的中文问答系统答案抽取方法》，《吉林大学学报》（工学版）2008 年第 1 期，第 142~147 页。

[124] 贾可亮、樊孝忠、许进忠：《基于 KNN 的汉语问句分类》，《微电子学与计算机》2008 年第 1 期，第 156~158 页。

[125] 陈康、樊孝忠等:《基于问句语义表征的中文问句相似度计算方法》,《北京理工大学学报》2007 年第 12 期,第 1073~1076 页。

[126] 王灿辉、张敏、马少平:《自然语言处理在信息检索中的应用综述》,《中文信息学报》2007 年第 2 期,第 35~45 页。

[127] 余正涛、樊孝忠、郭剑毅等:《基于潜在语义分析的汉语问答系统答案提取》,《计算机学报》2006 年第 10 期,第 1889~1893 页。

[128] 张亮、王树梅、黄河燕等:《面向中文问答系统的问句句法分析》,《山东大学学报》(理学版)2006 年第 3 期,第 30~33 页。

[129] 张亮、黄河燕、胡春玲:《中文问答系统模型研究》,《情报学报》2006 年第 2 期,第 197~201 页。

[130] 杜永萍、黄萱菁、吴立德:《模式学习在 QA 系统中的有效实现》,《计算机研究与发展》2006 年第 3 期,第 449~455 页。

[131] 张亮、黄河燕、胡春玲:《基于 Ontology 的中文问答系统问题分类研究》,《中国图书馆学报》2006 年第 2 期,第 60~65 页。

[132] 闫宏飞、陈翀:《词汇与中心词的距离信息对问句相似度匹配的影响》,《清华大学学报》(自然科学版)2005 年第 9 期,第 1873~1877 页。

[133] 余正涛、樊孝忠、郭剑毅:《基于支持向量机的汉语问句分类》,《华南理工大学学报》(自然科学版)2005 年第 9 期。

[134] 余正涛、樊孝忠:《基于最大熵模型的汉语问句语义组块分析》,《计算机工程》2005 年第 17 期,第 3~5 页。

[135] 游斓、周雅倩等:《基于最大熵模型的 QA 系统置信度评分算法》,《软件学报》2005 年第 8 期,第 1407~1414 页。

[136] 樊孝忠、李宏乔、李良富等:《银行领域汉语自动问答系统BAQS的研究与实现》,《北京理工大学学报》2004年第6期,第528~533页。

[137] 郑实福、刘挺、秦兵等:《自动问答综述》,《中文信息学报》2002年第6期,第46~52页。

[138] 黎新:《面向问答系统的段落检索技术研究》,博士学位论文,中国科学技术大学,2010。

[139] 宋万鹏:《短文本相似度计算在用户交互问答系统中的应用》,博士学位论文,中国科学技术大学,2010。

[140] 张亮:《面向开放域的中文问答系统问句处理相关技术研究》,博士学位论文,南京理工大学,2006。

[141] 刘小明、樊孝忠、刘里:《融合事件信息的复杂问句分析方法》,《华南理工大学学报》(自然科学版)2011年第7期,第140~145页。

[142] 杨思春、高超、戴新宇等:《基于SVM的中文查询分类》,《情报学报》2011年第9期,第946~950页。

[143] 王君、李舟军、胡侠等:《一种新的复合核函数及在问句检索中的应用》,《电子与信息学报》2011年第1期,第129~135页。

[144] 杨思春、戴新宇、陈家骏:《面向开放域问答的问题分类技术研究进展》,《电子学报》2015年第8期,第1627~1636页。

[145] 杨思春、高超、戴新宇等:《基于差异性和重要性的问句特征组合》,《电子学报》2014年第5期,第918~924页。

[146] 范云杰、刘怀亮、左晓飞等:《社区问答中基于维基百科的问题分类方法》,《情报科学》2014年第10期,第56~60页。

[147] 刘康、张元哲、纪国良等:《基于表示学习的知识库问答研究

进展与展望》,《自动化学报》2016 年第 6 期,第 807~818 页。
[148] 曾帅、王帅、袁勇等:《面向知识自动化的自动问答研究进展》,《自动化学报》2017 年第 9 期,第 1491~1508 页。
[149] 魏楚元、湛强、张大奎等:《基于问题语义表征的中文问答系统相似度计算方法》,《情报学报》2014 年第 10 期,第 1099~1107 页。
[150] 刘芳、于斐:《面向医疗行业的智能问答系统研究与实现》,《微电子学与计算机》2012 年第 11 期,第 95~98 页。
[151] 王东升、王卫民、王石等:《面向限定领域问答系统的自然语言理解方法综述》,《计算机科学》2017 年第 8 期,第 1~8 页。
[152] 魏清凤、罗长寿、贺立源等:《基于二维向量空间模型的农业技术智能问答系统研究》,《江苏农业科学》2012 年第 7 期,第 362~364 页。
[153] 张克亮、李伟刚、王慧兰:《基于本体的航空领域问答系统》,《中文信息学报》2015 年第 4 期,第 192~198 页。
[154] 刘宝瑞、郭宏娇:《基于 Deep QA 的图书馆数字参考咨询问答系统研究》,《情报科学》2017 年第 4 期,第 103~108 页。
[155] 李红梅、丁晟春:《基于本体和设计情景的产品设计领域知识问答系统研究》,《情报理论与实践》2015 年第 1 期,第 130~134 页。
[156] 郑颖、金松林、张自阳等:《基于本体的小麦病虫害问答系统构建与实现》,《河南农业科学》2016 年第 6 期,第 143~146 页。
[157] 王小林、镇丽华、杨思春等:《基于增量式贝叶斯模型的中文问句分类研究》,《计算机工程》2014 年第 9 期,第 238~242 页。
[158] 楚林、王忠义、夏立新:《网络问答社区的知识生态系统研

究》，《图书情报工作》2016年第14期，第47~55页。

[159] 周建政、谌志群、李治等：《问答系统中问题模式分类与相似度计算方法》，《计算机工程与应用》2014年第1期，第116~120页。

后 记

本书编辑出版，付梓面世，既得益于良师益友的鼎力支持，也受惠于亲人们的默默付出。回首过往，需要感谢的人和事太多太多了。

首先，应该感谢的是我的导师南京大学朱学芳教授。我和先生相识于2008年的杭州。后蒙先生不弃，我非常幸运地成为先生的弟子。在师从先生的这三年中，我为先生的博闻多识和豁达胸襟所折服。先生乐观向上、平易近人，学识渊博、淡泊名利，这些都将成为我人生中最宝贵的财富；先生勇于创新的学术态度、认真执着的钻研精神是我做学问时的榜样；先生严谨的治学态度和忘我的工作热情为我的研究指明了方向。有这样一位有思想、有水平、有情操的老师，对于学生来讲可遇而不可求，我为能跟随先生学习而感到不胜荣幸！本研究最终能顺利完成，从选题、设计、实验到定稿，均承蒙先生的悉心指导。我深知每一点进步都倾注了先生的汗水。寥寥数语难以尽表我的感激之情，在此，谨向先生在学术上给予的指导和生活上予以的关照致以深深的谢意！

还要感谢南京大学信息管理学院的孙建军教授、苏新宁教授、吴建华教授、朱庆华教授、陈雅教授、沈固朝教授、郑建明教授、叶继元教授、华薇娜教授、张志强教授、袁勤俭教授、黄奇教授、杨建林教授等；感谢同门曾娜、徐强、曹梅、李伟超、耿志杰、朱鹏、张俊丽、朱光、常艳丽、穆向阳、师文、李刚、孙毓敏、赵兰荣、彭玉婷、徐连等师兄弟及师姐妹们；感谢马学良博士、化柏林博士、王兰敬博士、郝彬彬博士、王东波博士、吴克文博士、谢靖博士、李琳博士、陈静博士等2009级南京大学信息管理学院的博士同窗好友，在本书研究和写作过程中给予的大力协助。

感谢张帆老师、马振江老师、孟勇老师、雒保军老师、张睿老师、王守英老师、田梅老师、刘喜文老师等新乡医学院管理学院的所有老师在工作中给予我的支持和帮助。

感谢我的家人给我默默支持，感谢我的父亲张新学、母亲郝花芹、岳父翟建军、岳母马静梅、爱人翟倩倩和女儿木兰。当我遇到麻烦或困惑时，你们为我分忧，并默默鼓励我；当我取得一点进步时，你们为我高兴。

感谢社会科学文献出版社，以及周志静和许葆华编辑对本书出版的支持。

总之，感谢在我的学习和生活中给予关心和支持的所有人！未来，我将秉承“嚼得菜根、做得大事”南大人的精神，投入新的学习、工作和生活中。

张军亮

2017年12月

图书在版编目(CIP)数据

面向“三农”问答系统的关键技术研究 / 张军亮著
. -- 北京 : 社会科学文献出版社, 2017.12
ISBN 978-7-5201-1836-1

Ⅰ. ①面… Ⅱ. ①张… Ⅲ. ①三农问题-汉字信息处理系统-研究 Ⅳ. ①TP391.12

中国版本图书馆 CIP 数据核字 (2017) 第 291511 号

面向“三农”问答系统的关键技术研究

著　　者 / 张军亮

出 版 人 / 谢寿光
项目统筹 / 许葆华　周志静
责任编辑 / 周志静　许葆华

出　　版 / 社会科学文献出版社 · 人文分社(010) 59367215
地址: 北京市北三环中路甲 29 号院华龙大厦　邮编: 100029
网址: www. ssap. com. cn
发　　行 / 市场营销中心 (010) 59367081　59367018
印　　装 / 三河市尚艺印装有限公司

规　　格 / 开 本: 787mm× 1092mm 1/16
印 张: 12. 25　字 数: 157 千字
版　　次 / 2017 年 12 月第 1 版　2017 年 12 月第 1 次印刷
书　　号 / ISBN 978-7-5201-1836-1
定　　价 / 89. 00 元